U0931077

普通高等教育“十一五”国家级规划教材配套教材

高职高专规划教材

机械工业出版社精品教材

机械制图习（试）题集

第 2 版

主　编　张崇本　王鋆辉

副主编　张雪梅　徐亚娥

参　编　梁　梅　韦　芳　朱月红　沈铁敏

主　审　贾崇田

机　械　工　业　出　版　社

本习（试）题集是普通高等教育“十一五”国家级规划教材《机械制图第2版》（张崇本主编）的配套用书。

本习（试）题集与课本内容结合紧密，顺序完全一致，而且题量适度，题型全面，题目由易到难、层次清楚。习（试）题集中的练习，是对各章节基本知识与技能的训练；习（试）题集中的试题，是《机械制图双标试题库》中的试题；习（试）题集中的作业，可作尺规图或徒手图。

本习（试）题集主要适用于高职高专机类和电类各专业机械制图的教学，还可作为普通高校和成教、中专及机、电类专业职业技术培训用教材。

图书在版编目（CIP）数据

机械制图习（试）题集/张崇本，王鍙辉主编．—2版．—北京：机械工业出版社，2009.11（2015.9重印）

普通高等教育“十一五”国家级规划教材配套教材．高职高专规划教材

ISBN 978-7-111-28637-0

Ⅰ．机…　Ⅱ．①张…②王…　Ⅲ．机械制图-高等学校：技术学校-习题　Ⅳ．TH126-44

中国版本图书馆CIP数据核字（2009）第199735号

机械工业出版社（北京市百万庄大街22号　邮政编码100037）
策划编辑：王海峰　责任编辑：于奇慧
封面设计：陈　沛　责任校对：李　婷　责任印制：乔　宇
保定市中画美凯印刷有限公司印刷
2015年9月第2版第7次印刷
260mm×184mm·8.5印张·172千字
17001-19500册
标准书号：ISBN 978-7-111-28637-0
定价：18.00元

凡购本书，如有缺页、倒页、脱页，由本社发行部调换

电话服务	网络服务
服务咨询热线：010-88379833	机工官网：www.cmpbook.com
读者购书热线：010-88379649	机工官博：weibo.com/cmp1952
	教育服务网：www.cmpedu.com
封面无防伪标均为盗版	金书网：www.golden-book.com

第2版前言

本题集是普通高等教育“十一五”国家级规划教材《机械制图第2版》（张崇本主编）的配套用书。本题集是在第1版的基础上，总结了两年多来使用本题集的经验、教训，征求和研究了部分读者的批评和建议，并结合当前各院校大幅压缩本课程教学课时、学生学业负担重等具体情况，精心修订成的。其具体措施是：

1. 降低难度

第1版中难度较高的题大部分不再编入，除螺纹紧固件外，其余各章的B类试题全部取消。

2. 减少题量

减少试题数量，第2版除保留了读零件图的8道A类试题外，其余各章节均只保留4道A类试题。同时取消与试题题型相同、相近的练习题。

3. 改进要求

为了与课本的教学方法和要求紧密配合，对读切割体、叠加体的三视图和读零件图、装配图的习题和试题的要求都提出了不同以往的要求，从而加强了对读图方法、步骤与要求教学的导向作用。

经此修订后，本题集与课本的教学配合更加紧密，题目的难易更适合当前的教学实际，题量适度、篇幅精简（仅为第1版的一半），便于教与学。

本题集试题库的电子软件已由湖南铁道职业技术学院的沈铁敏老师制作完成，有需用者请直接与他联系（13786361050）。

本次的修订工作由张崇本完成。修订过程中，湖南铁道职业技术学院的沈铁敏老师提供了很多参考资料，张雪梅、樊敏慧老师提出了很好的改进意见。系主任钟振龙、周虹和机械工业出版社的领导与编辑对本书的修订和出版给予了很多支持和帮助，在此表示诚挚的感谢。

由于编者的水平和精力有限，书中缺点、错误在所难免，恳请读者批评指正，以期适时更正。

增补说明：为了满足教学需要，本书在重印时适时增补了第五章、第六章、第七章、第八章及第十一章中的习题或试题。补充的题大多是难度较大、趣味性较强的题。同时，本书配套部分题目（共48题）的解题指导，着重于指导解题步骤和注意事项，选用本书作为教材的老师可免费下载。

编　者

第1版前言

本习（试）题集是高职高专规划教材《机械制图》（张崇本主编）的配套用书。它与课本内容结合紧密，顺序完全一致，而且题量充足，题型全面，题目由易到难、层次清楚。

书中的练习，是对各章节基本知识与技能的训练；书中的试题，是《机械制图双标试题库》中的试题；书中的作业，可在图纸上作尺规图或徒手图；其中的No.7大型作业，供一周大型作业教学时选用。

本教材采用“双标教学法”，简单地说，就是“目标教学法”与“标准化考试”相结合的方法。在课本中简明扼要地提示各章节的主要教学目标；同时，用试题具体体现各知识点的教学目标的方法，谓之目标教学法。编制试题时，在用它体现教学目标的同时，还要在解题的难度和作图量的多少两方面保证其“信度”、“效度”和“平衡度”，谓之标准化考试。它可兼容其它任何一种教学方法。

建立一个标准化考试的试题库并把它交给学生作为平时的练习，以调动学生学习的主动性和积极性，是对教学和考试的观念与方法的大胆改革。实践证明，它可以大幅度地提高教学质量和考试质量，减轻教师的劳动强度，科学地实现教考分离（可以由任课教师出考试大纲、决定考试的范围和难度，由教学管理人员根据考试大纲选题、制卷），从而改善和加强考试管理。

参加本习（试）题集编、绘工作的有：张崇本、张雪梅（编一、三、四、五、六、七章）、梁梅（编第二章）、王鋆辉（编第八章）、韦芳（编第九章）、朱月红（编第十章）、徐亚娥（编第十一章），湖南铁道职业技术学院副教授张崇本任全书的主编，副院长、副教授贾崇田任全书的主审。

在本习（试）题集的编写工作中，湖南铁道职业技术学院机电系廖兆荣主任、董小英和制图教研室主任周虹、刘建国老师等，曾给予了大力的支持和帮助，在此顺致谢意。

由于编者的水平有限，本书的缺点还有不少。恳切地希望广大读者提出批评意见，使它成为一套真正好教好用的教材。

编　者

目　录

第一章　画图基本知识与技能

1－2　字体练习

1－2－1　工程字的写法——读读、写写

在做制图作业或习题时，图样中的字体
必须按照技术制图国家标准中规定的标准字体书写。

工程字的特点是清晰、秀美，但在短时期内要想写好它是相当困难的，只有经常地练，特别是在作图实践中有意识地练，才能收到满意的效果。书写工程字的要领是：横平竖直、注意起落、结构匀称、填满方格。初学者应用细实线打格子书写，格宽为格高的 2/3 。写字时，首先应从总体上分析字形及结构，以便书写时布局恰当，一般部首所占的位置要小一些。笔画应一笔写成，不要重描。另外，由于字形特征不同，切忌一律追求满格，对笔画少的字尤应注意，如“月”字不可写得与格子同宽；“工”字不要写得与格子同高；“图”字不能写得与格子同大等。今后，在做制图作业或习题时，无论是汉字、数字、字母都要认真地书写，做到不但能画出正确而整洁的图，而且能写出合乎标准的字。

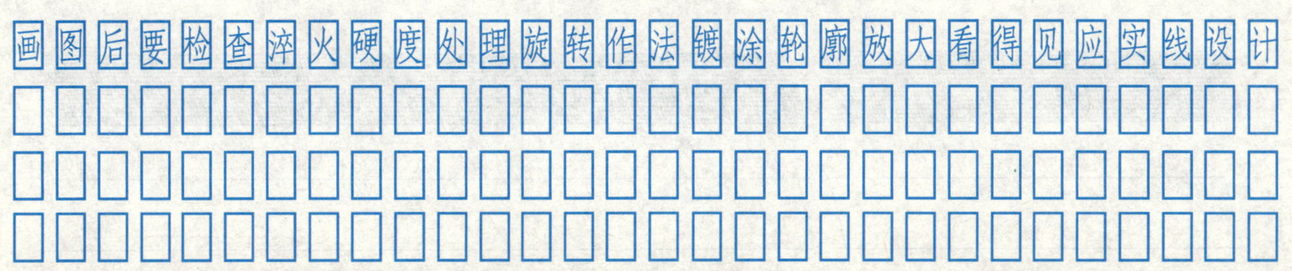

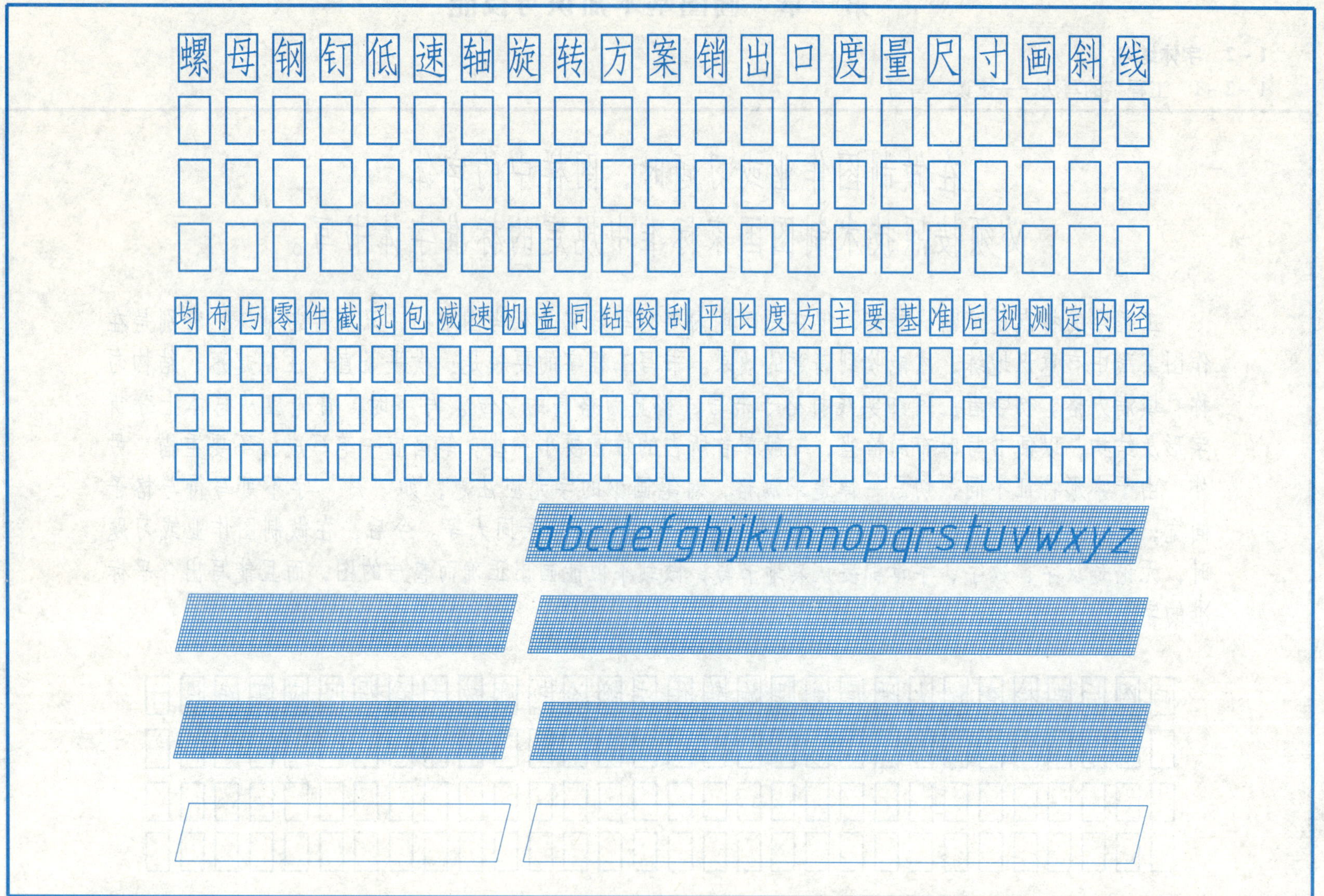
螺母钢钉低速轴旋转方案销出口度量尺寸画斜线
均布与零件截孔包减速机盖同钻铰刮平长度方主要基准后视测定内径
abcdefghijklmnopqrstuvwxyz

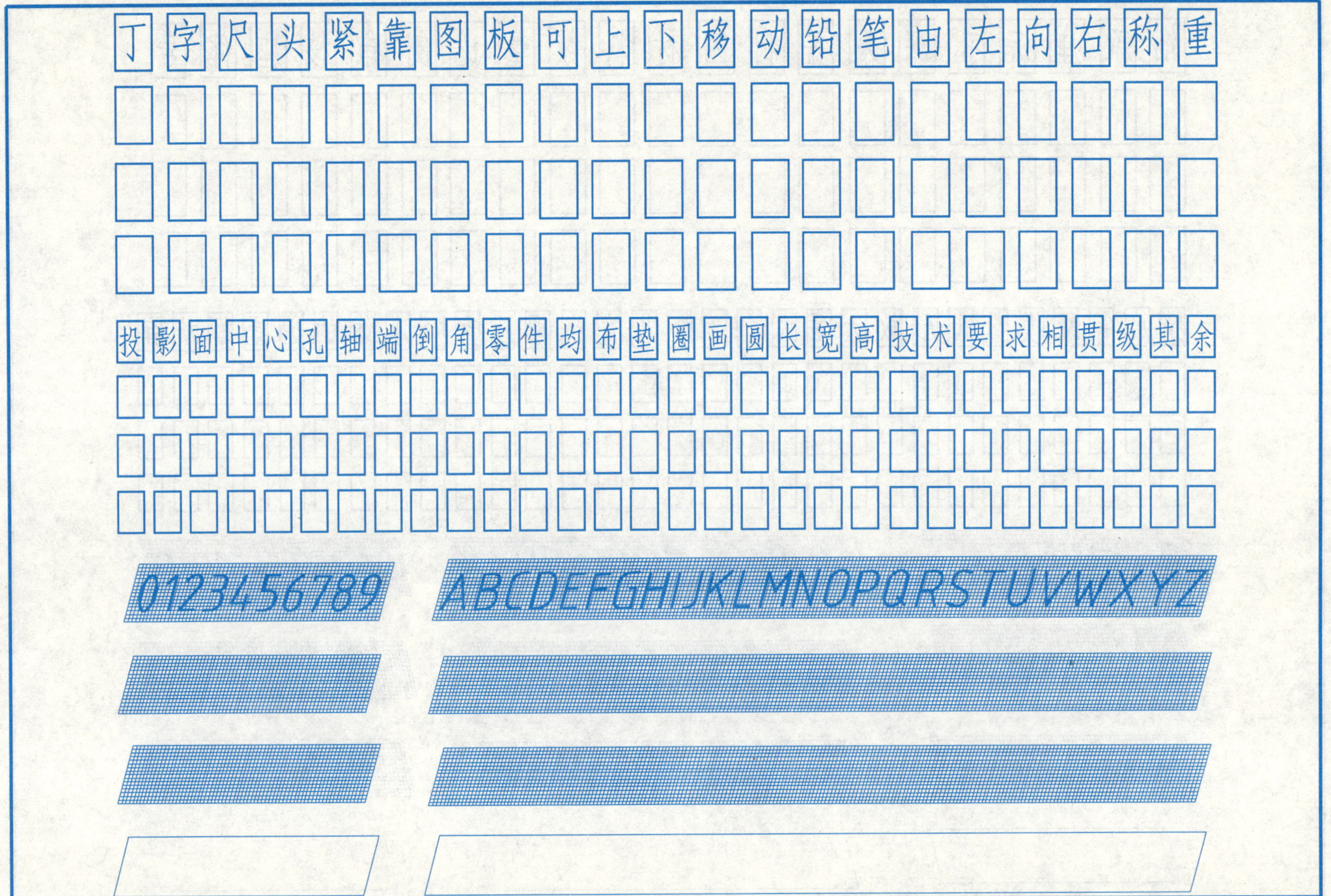
丁字尺头紧靠图板可上下移动铅笔由左向右称重
投影面中心孔轴端倒角零件均布垫圈画圆长宽高技术要求相贯级其余
0123456789
ABCDEFGHIJKLMNOPQRSTUVWXYZ

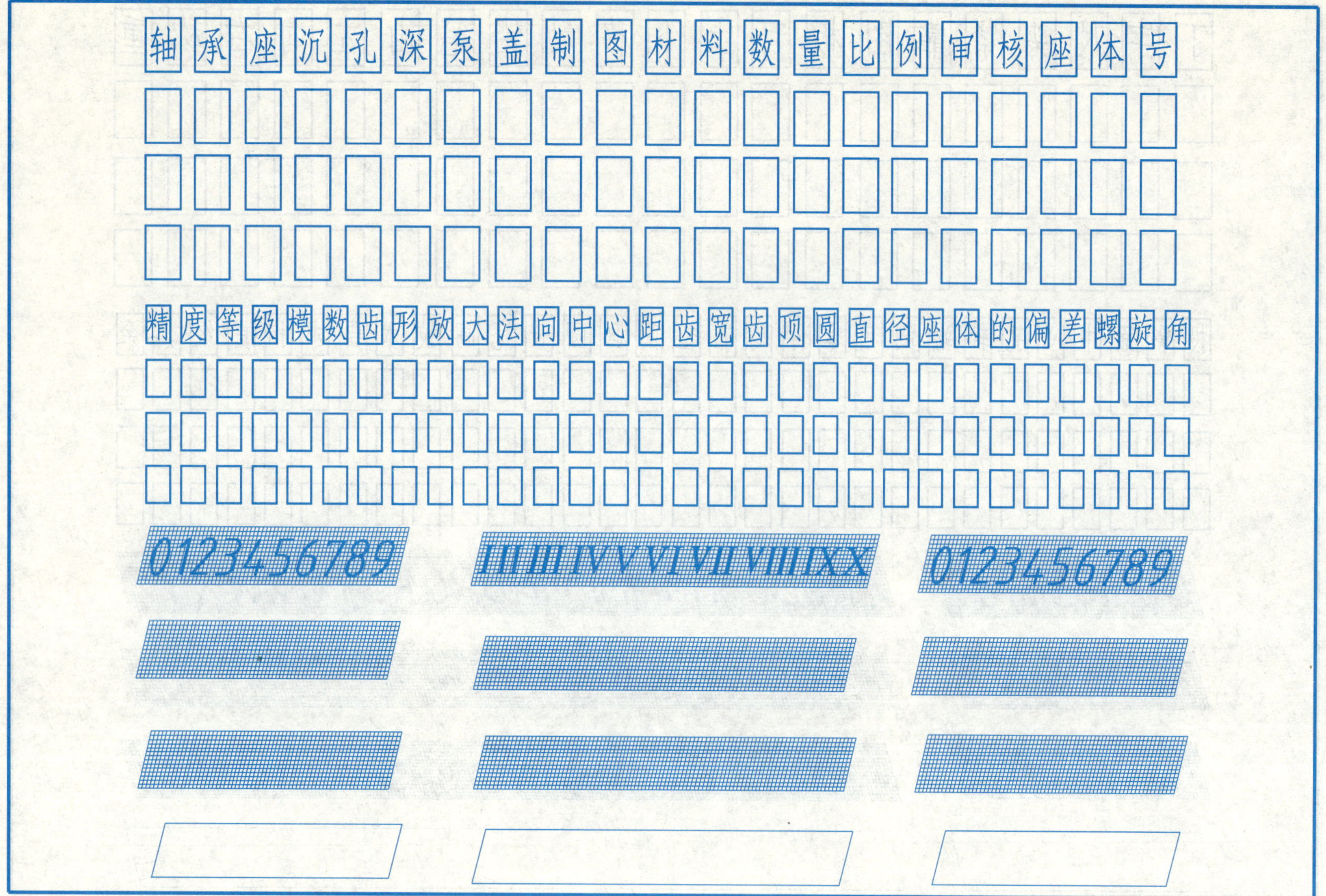
轴承座沉孔深泵盖制图材料数量比例审核座体号
精度等级模数齿形放大法向中心距齿宽齿顶圆直径座体的偏差螺旋角
0123456789
I II III IV V VI VII VIII IX X
0123456789

1－3　几何作图

练习：等分作图

1－3－1　按题目要求作图

1. 在圆中作内接正六边形，用圆规取等分点，保留作图线。

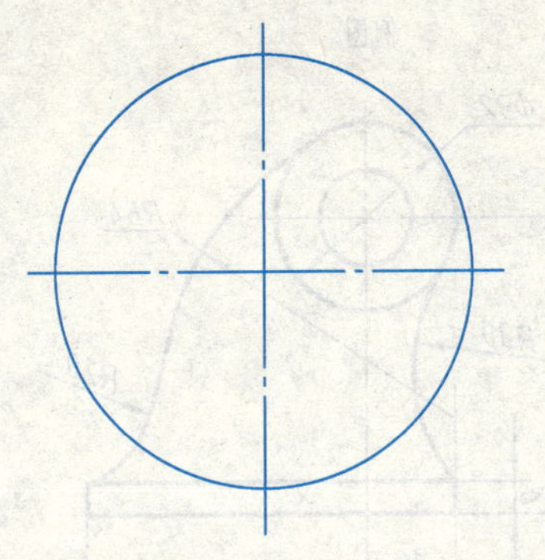

角顶在水平中心线上

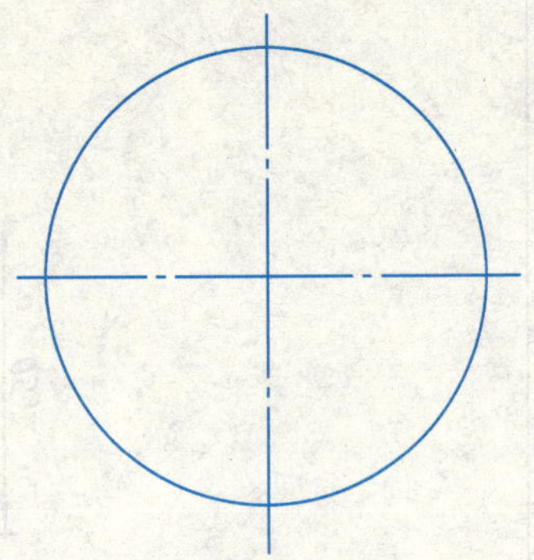

角顶在竖向中心线上

2. 用三角板分别作图 1 的外切正六边形，图 2 的内接正六边形。

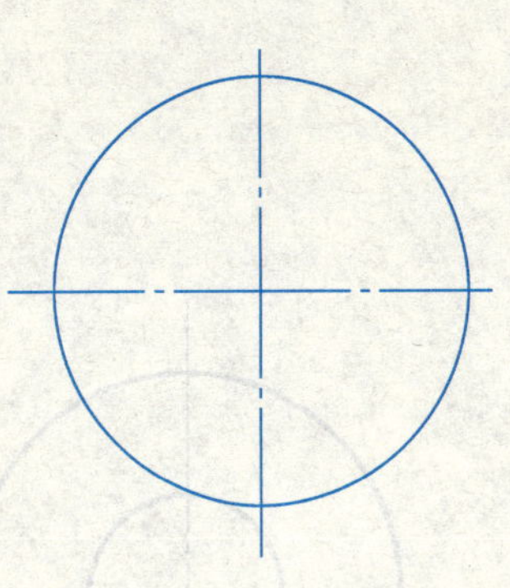

图 1　角顶在竖向中心线上

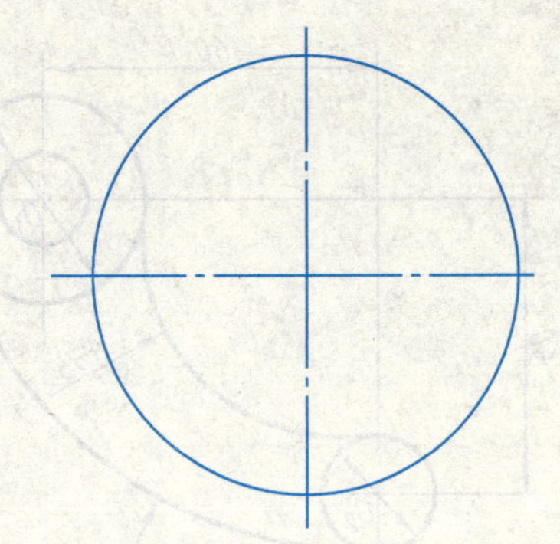

图 2　角顶在水平中心线上

3. 参照左图，用两块三角板配合画平行线和垂直线，完成右图。

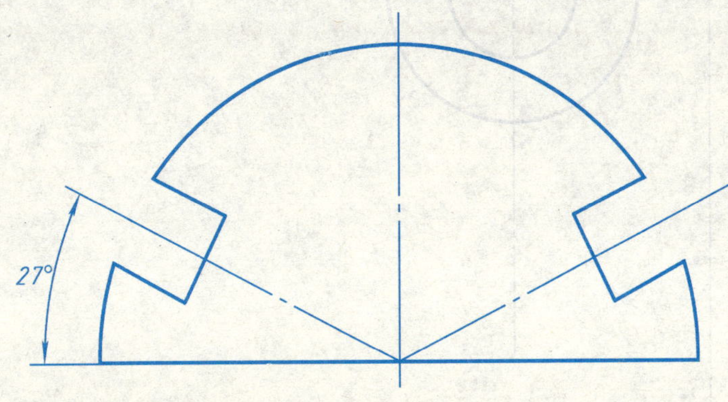

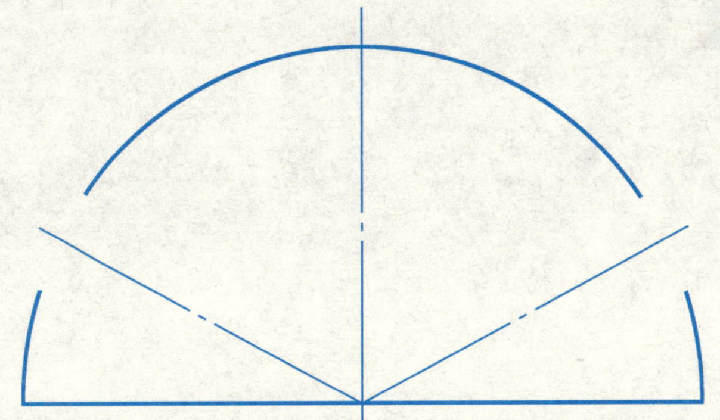

试题：圆弧连接

1－3－2　圆弧连接作图

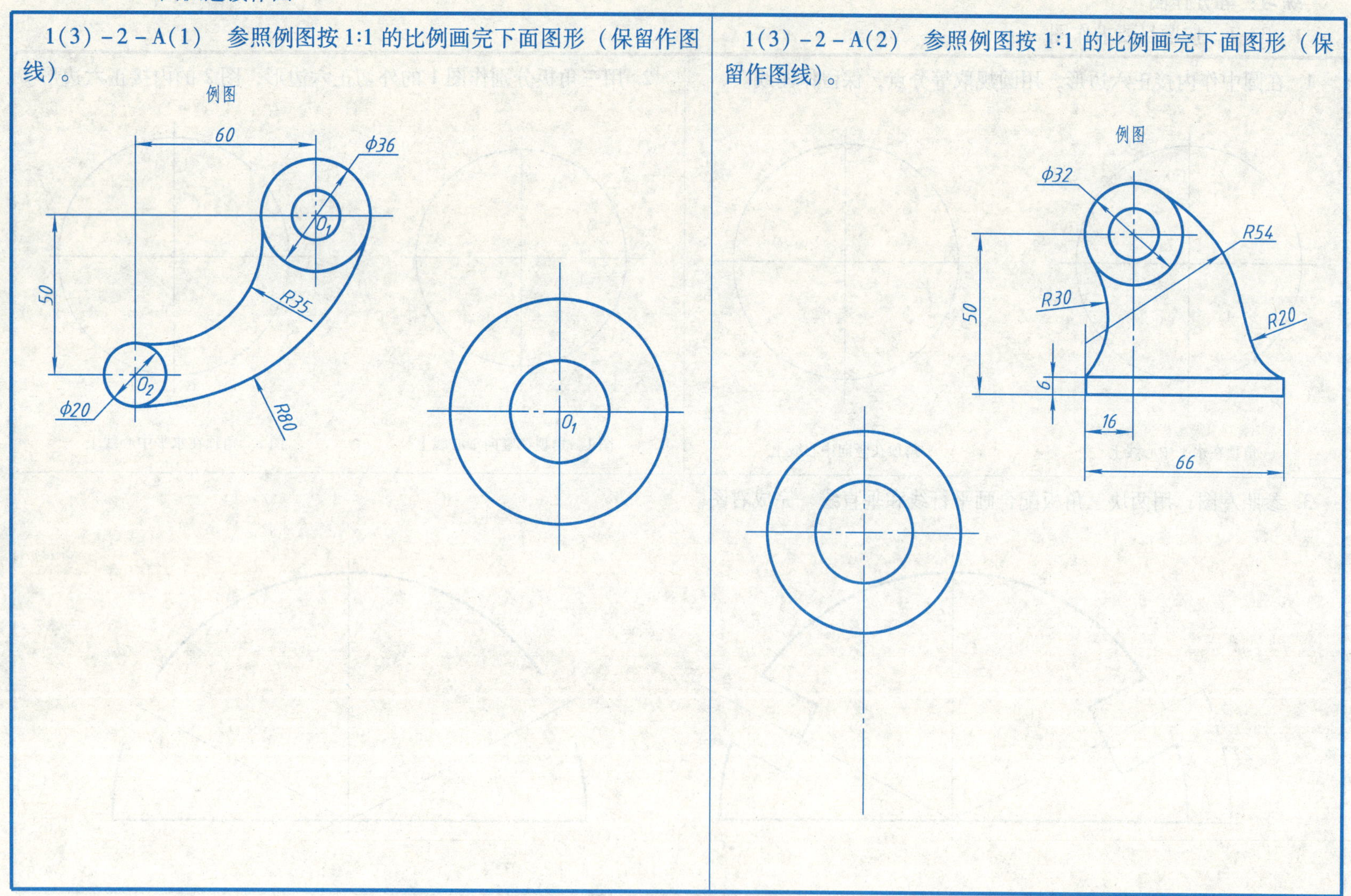

1(3)-2-A(3)　参照左半部分例图按1:1的比例画完下面图形（保留作图线）。

1(3)-2-A(4)　参照例图按1:1的比例画完下面图形（保留作图线）。

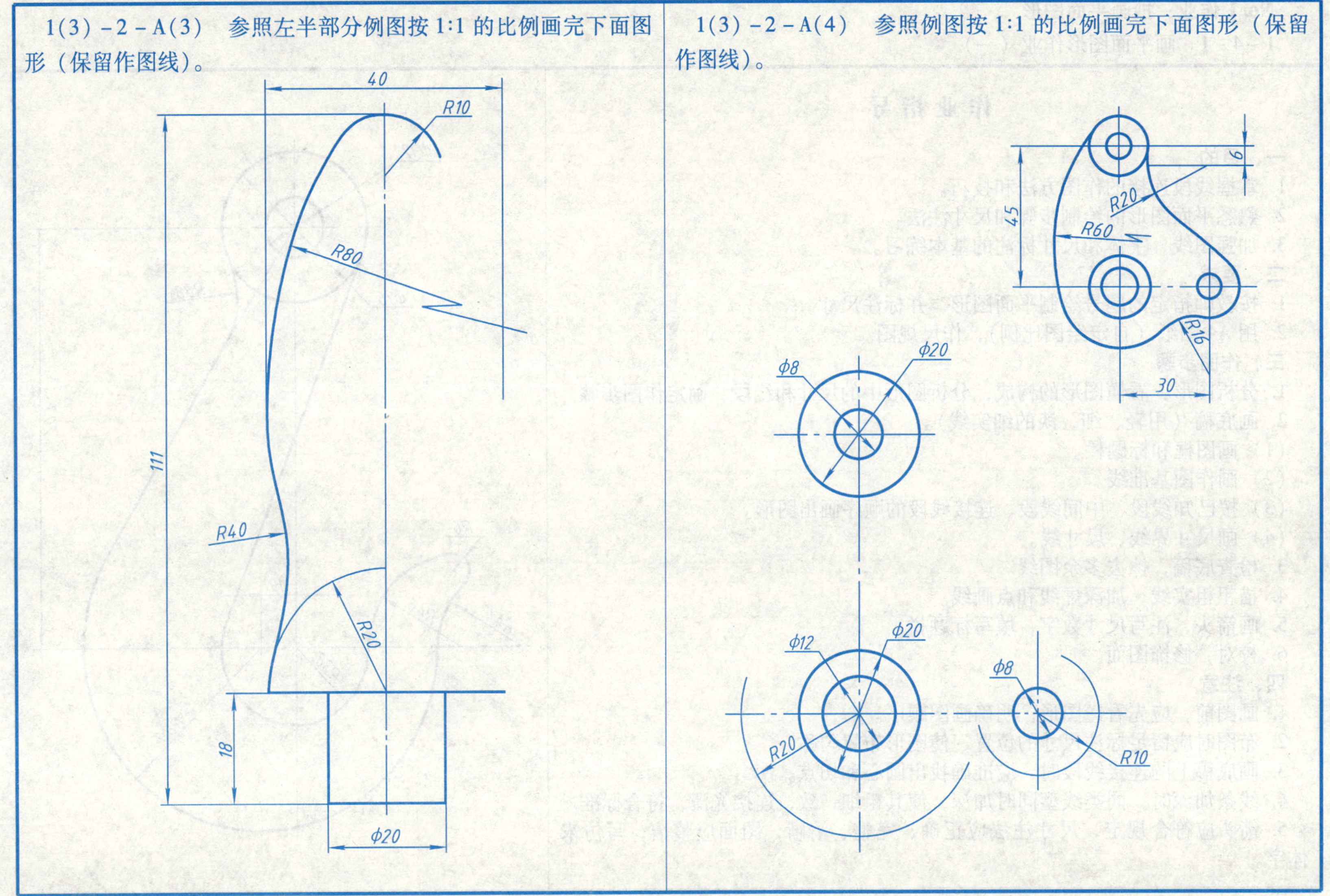

1-4　平面图形画法

No.1 作业：抄画平面图形

1-4-1　画平面图形作业（一）

作 业 指 导

一、目的

1. 掌握线段连接的作图方法和技巧。
2. 熟悉平面图形的绘制步骤和尺寸注法。
3. 加强图线、字体和尺寸标注的基本练习。

二、要求

1. 按教师指定的题号绘制平面图形，并标注尺寸。
2. 用 A4 图纸（自定绘图比例），作尺规图。

三、作图步骤

1. 分析图形：看懂图形的构成，分析图形中的尺寸和线段，确定作图步骤。
2. 画底稿（用轻、细、淡的细实线）。

（1）画图框和标题栏。

（2）画作图基准线。

（3）按已知线段、中间线段、连接线段的顺序画出图形。

（4）画尺寸界线、尺寸线。

3. 检查底稿，擦去多余图线。
4. 描粗粗实线，加深虚线和点画线。
5. 画箭头，注写尺寸数字，填写标题栏。
6. 校对，修饰图面。

四、注意

1. 画图前，应先看懂图形，明确画图顺序。
2. 布图时应留足标注尺寸的位置，使图形布置匀称。
3. 画底稿上的连接线段时，应准确找出圆心和切点。
4. 线条加深时，同类线型同时加深，使其粗细一致，连接光滑，符合标准。
5. 箭头应符合规定，尺寸注法应正确、完整、清晰，图面应整洁；写仿宋体字。

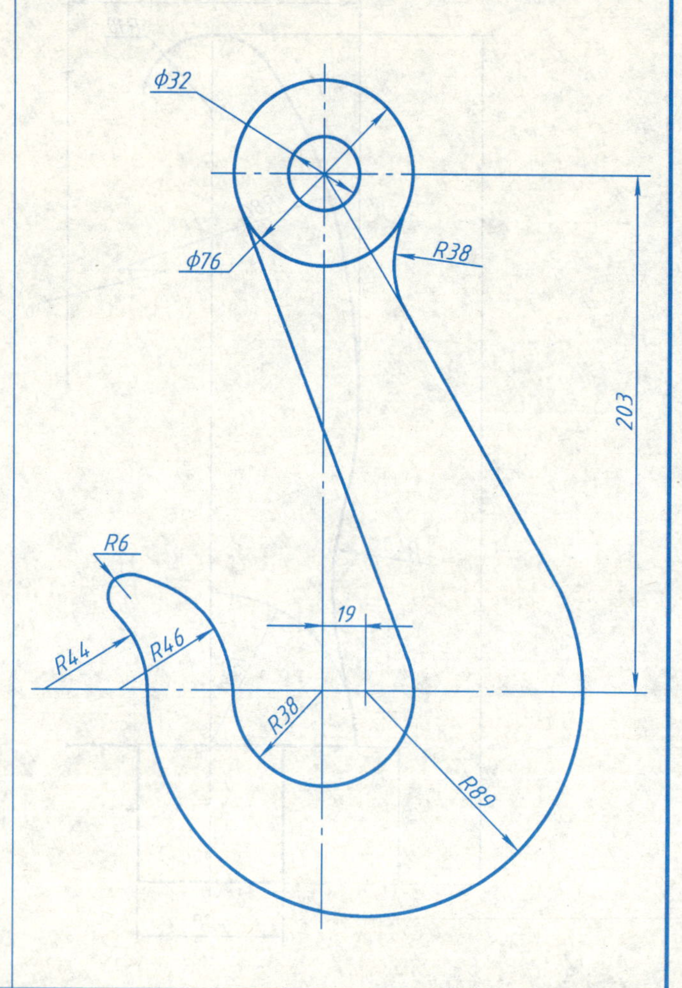

1－4－2　画平面图形作业（二）

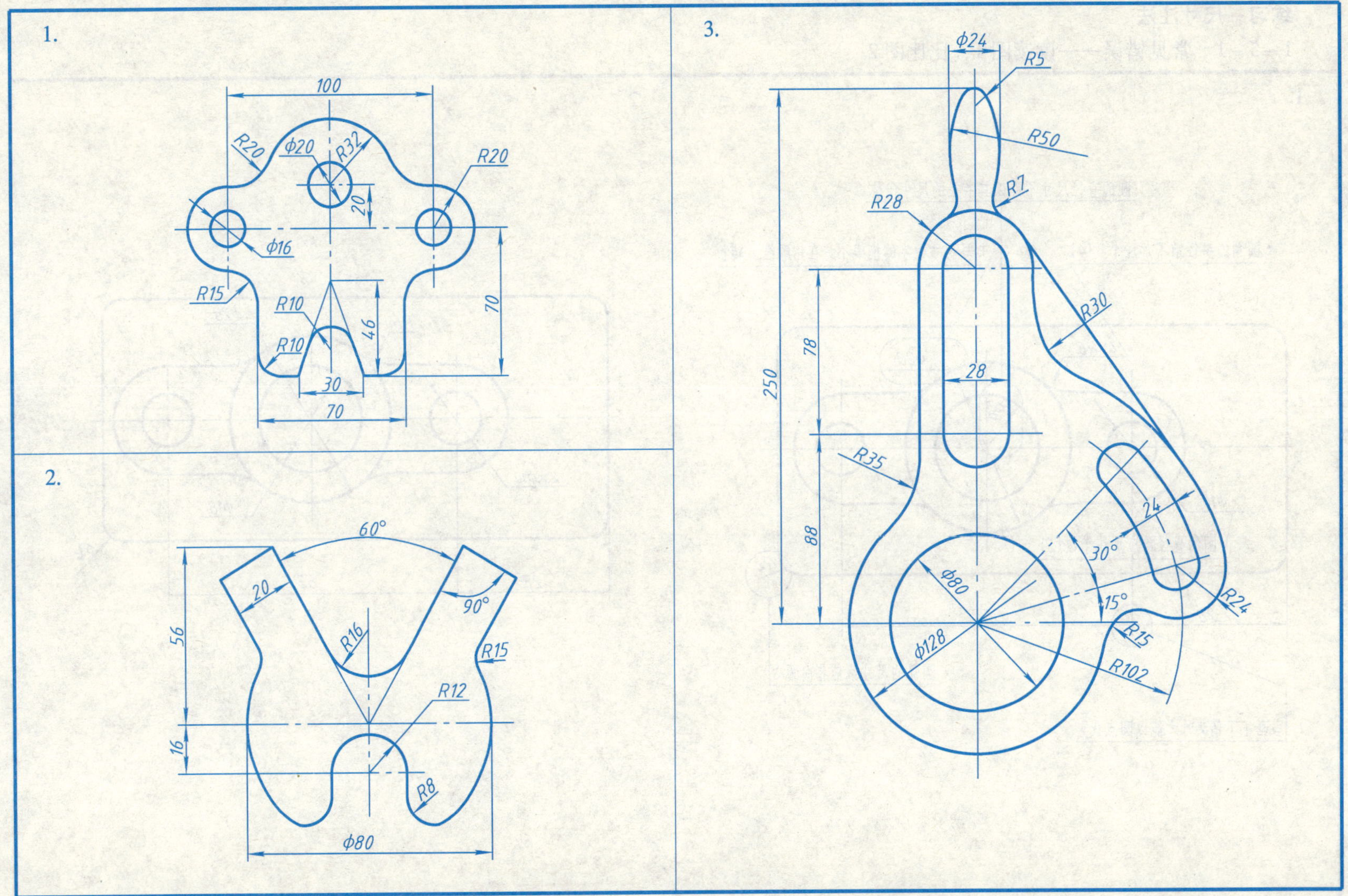

1-5　平面图形尺寸注法

练习：尺寸注法

1-5-1　常见错误——读读图1，比比图2

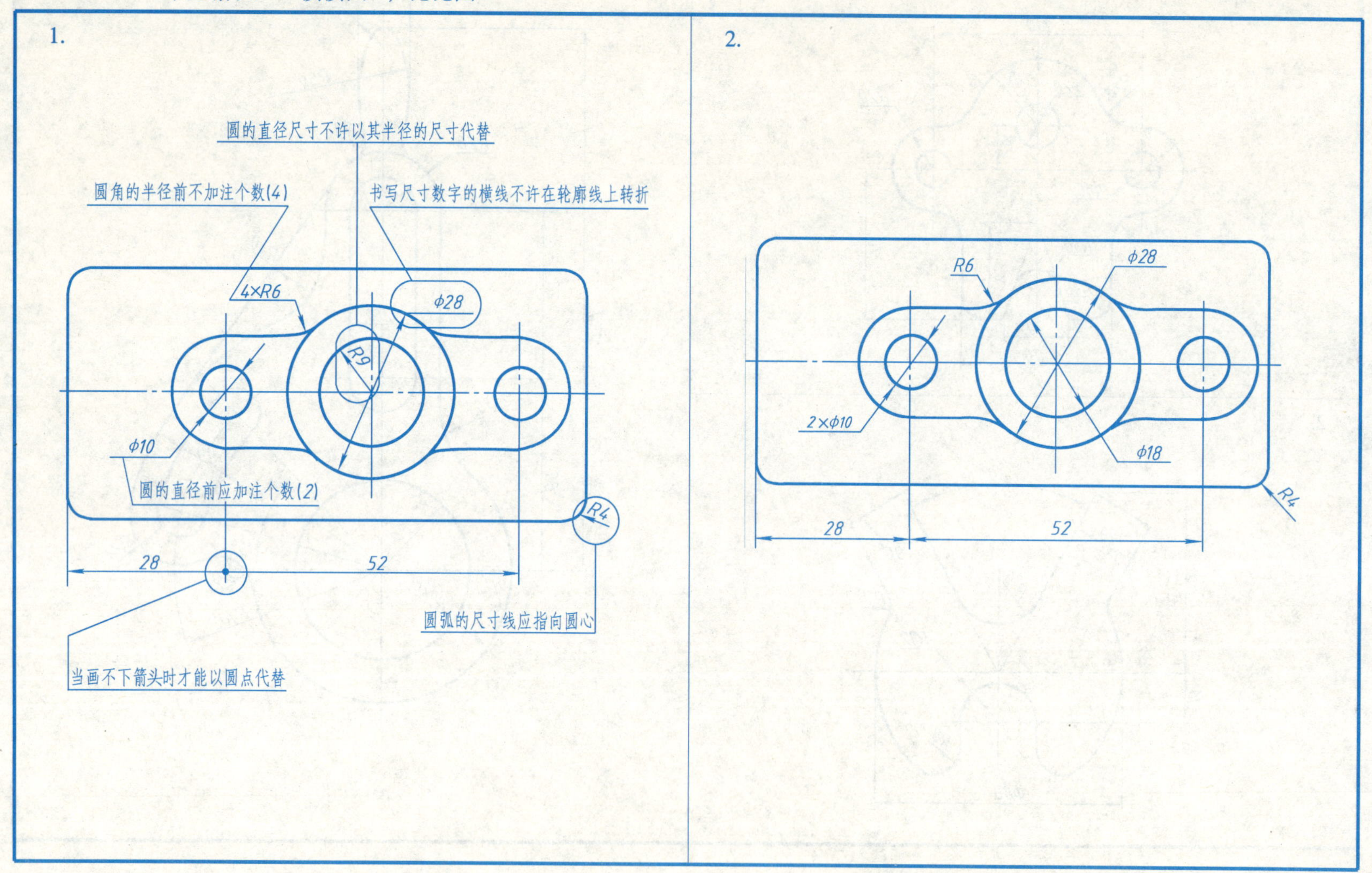

1－5－2　尺寸注法练习

1. 在图中填写未注的尺寸数字和补画遗漏的箭头，其数字的大小及箭头的形状和大小，以图中注出的数字和箭头为准，尺寸数值按1:1的比例从图中量取并取整数。

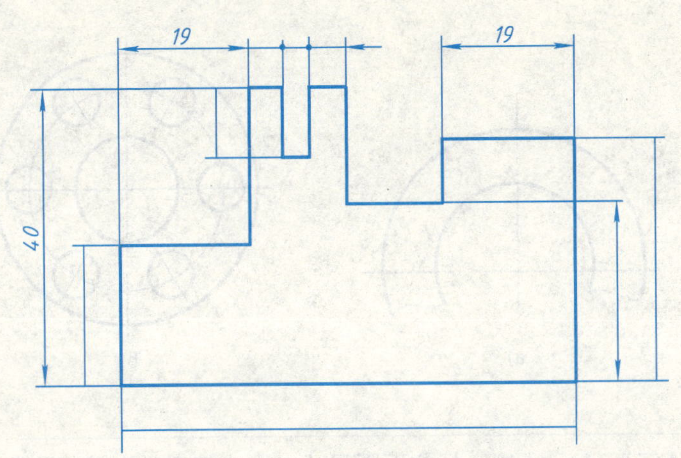

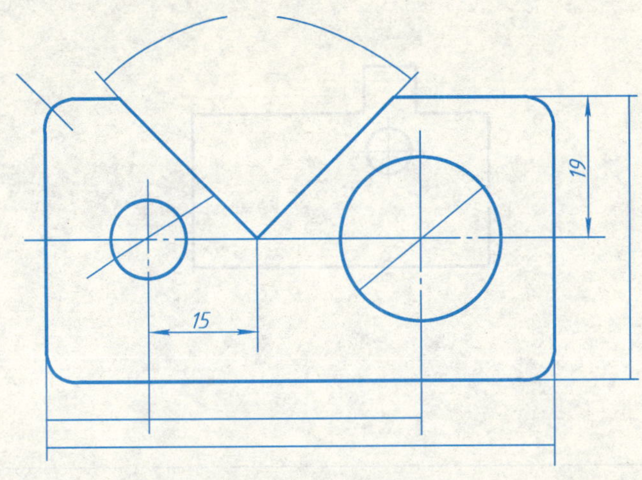

2. 检查图中尺寸注法的错误，将正确的注法注在右边图中。

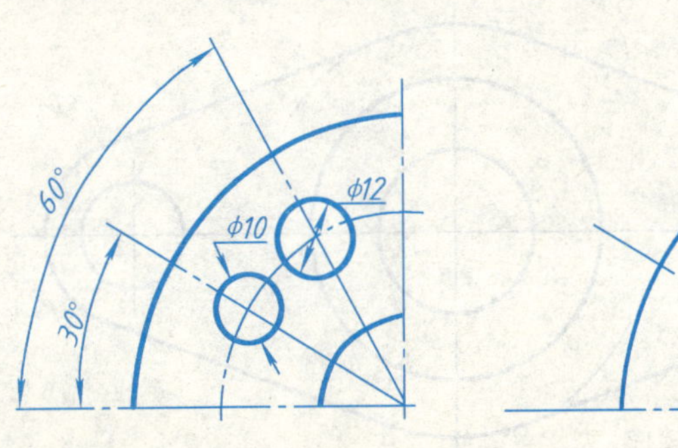

3. 填写尺寸数字（图是按1:2的比例绘制的）。

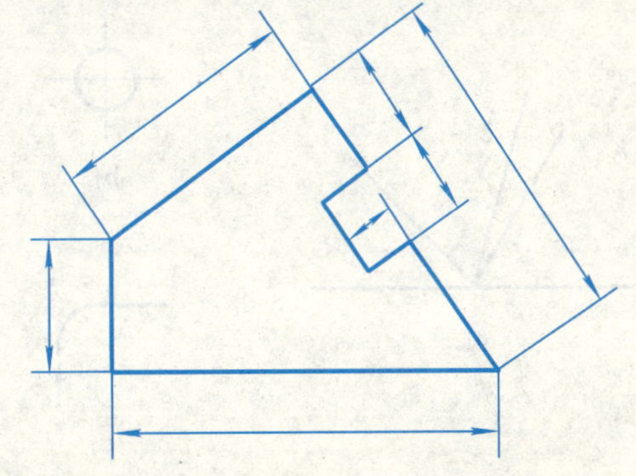

试题：给平面图形标注尺寸

1－5－3　给平面图形标注尺寸

1(5)－1－A(1)　标注下图尺寸（尺寸大小按1:1从图中量取）。

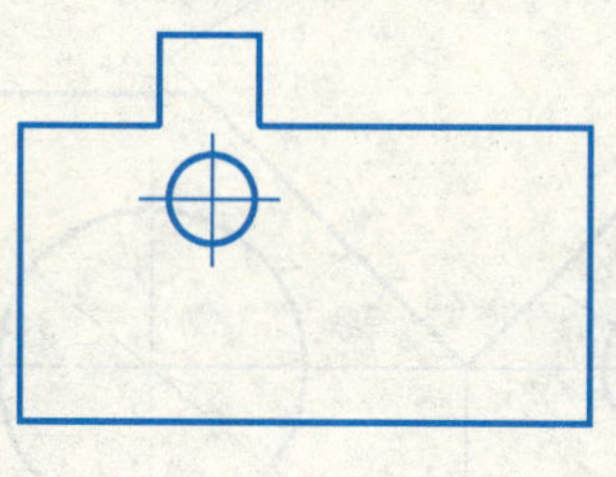

1(5)－1－A(3)　给图a的两圆弧及图b的两个大圆和六个小圆标注尺寸（大小按1:1从图中量取）。

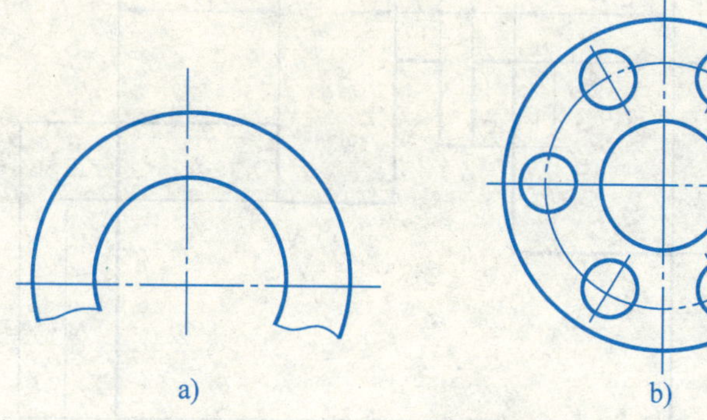

a)　　b)

1(5)－1－A(2)　标注图a中的角度，标注图b、图c中的直径和半径（大小按1:1从图中量取，图c中的圆角半径为5）。

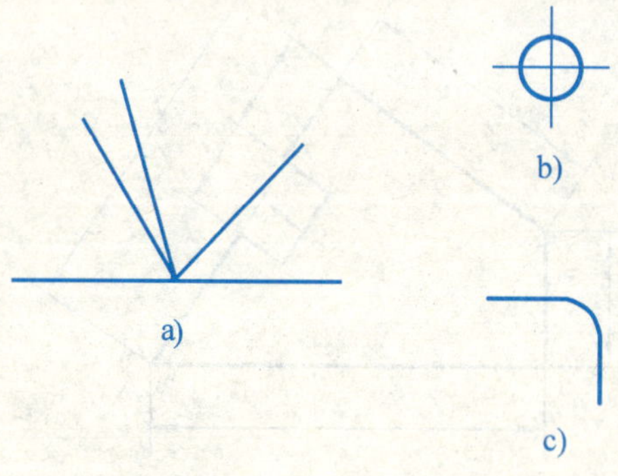

a)　　b)　　c)

1(5)－1－A(4)　标注下图尺寸（大小按1:1从图中量取）。

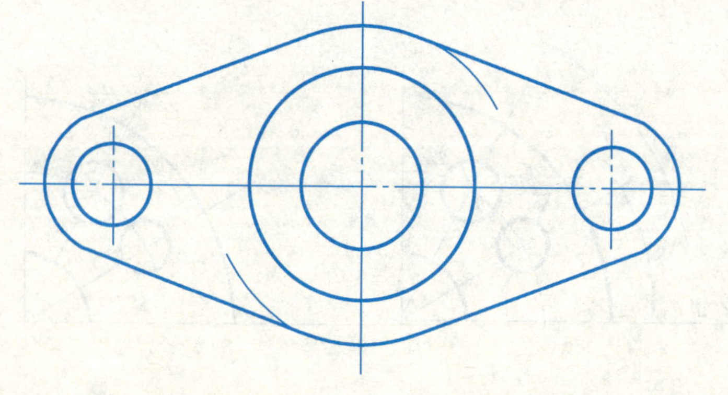

第二章　轴测图的画法

2－1　正等轴测图

练习：抄画正等轴测图

2－1－1　按 1:1 的比例抄画正等轴测图

1.

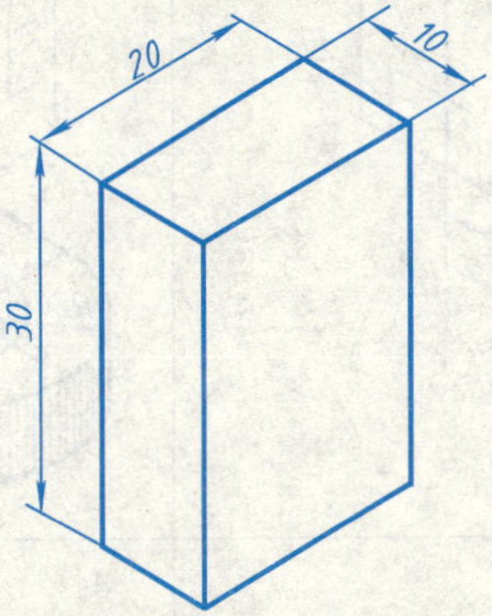

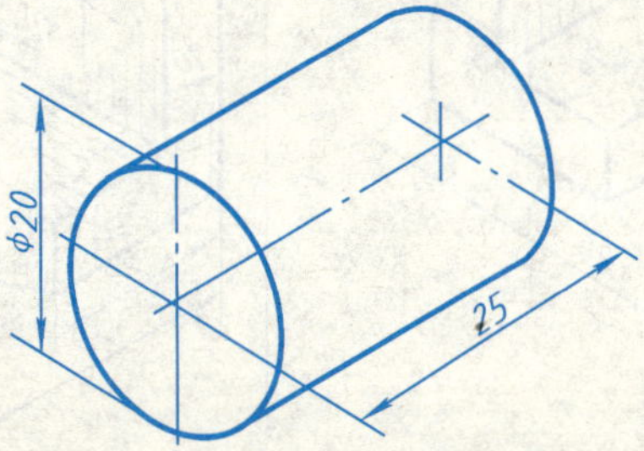

3.

2.

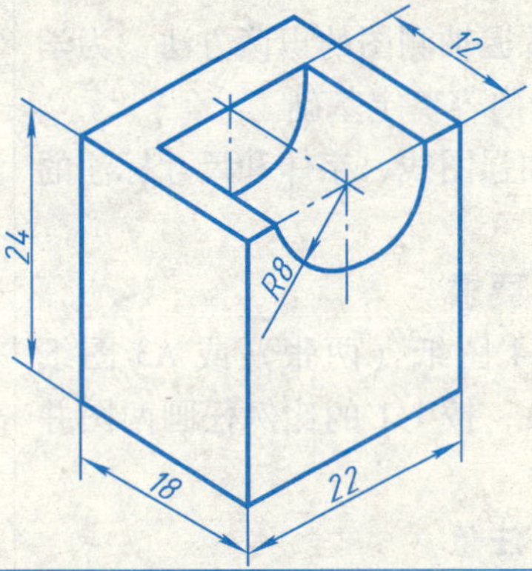

4.

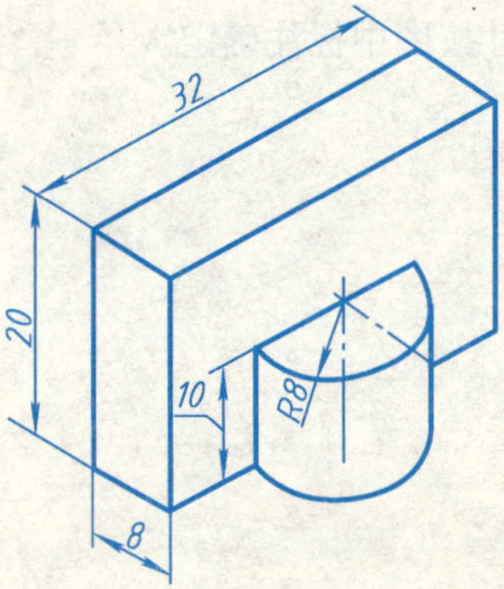

No. 2 作业：抄画轴测图

2－1－2　抄画轴测图作业

作业指导

一、目的

1. 掌握轴测图的画法、尺寸的量度与标注。

2. 掌握轴测图的识读方法，为学习后续内容奠定基础。

3. 加强图线、字体和尺寸标注的练习。

二、要求

用 A4 图纸（两张）或 A3 图纸（一张），按 1:1 的比例任画两图并标尺寸。

三、注意

1. 三个轴测轴的方向要正确画出。

2. 尺寸按图中标注确定。

1.

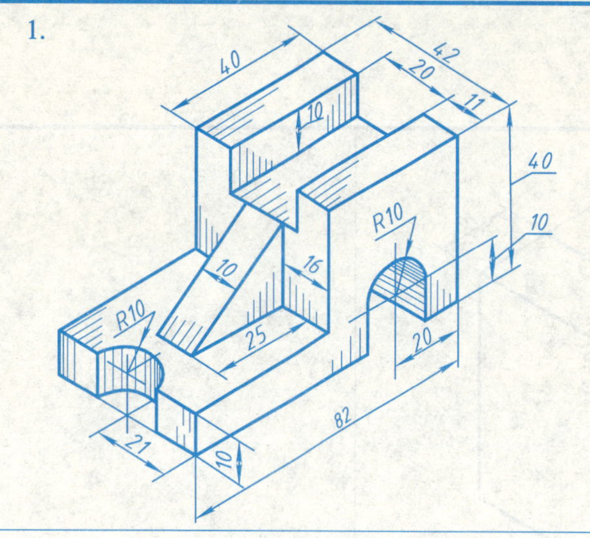

3.

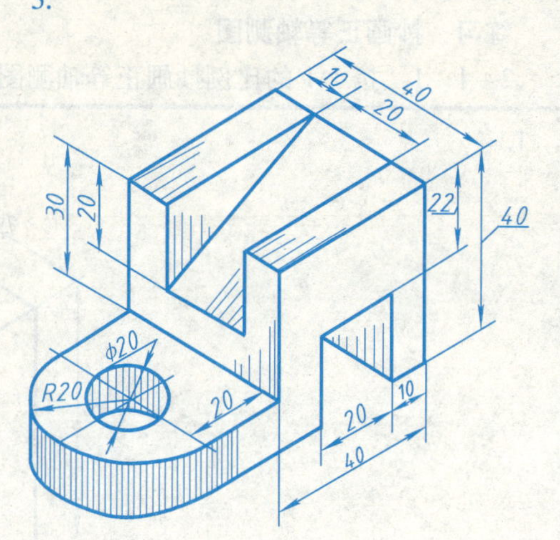

2.

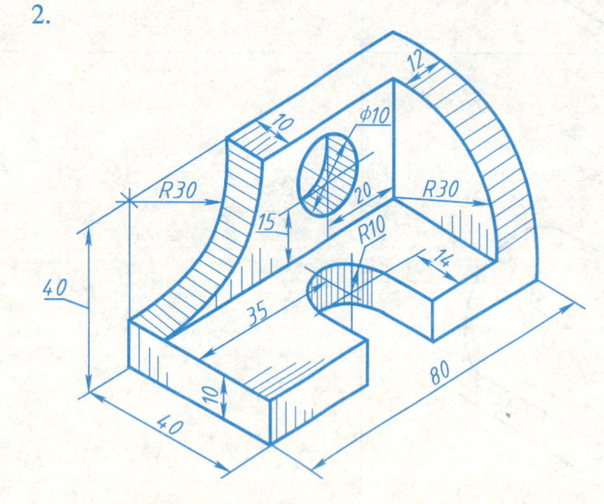

4.

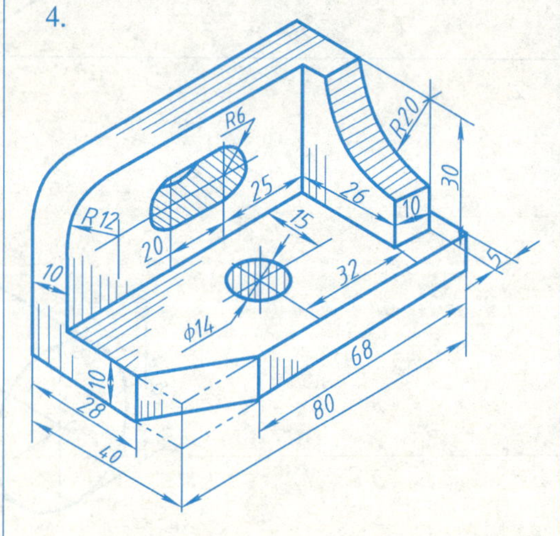

2-2　斜二轴测图

练习：将正等轴测图改画成斜二轴测图

2-2-1　按1:1的比例将正等轴测图改画成斜二轴测图

第三章　三视图的基本知识

3－3　三视图形成的过程及其规律

练习：三视图与轴测图对照

3－3－1　由轴测图找出对应的三视图，并在（　　）内注出对应三视图的字母

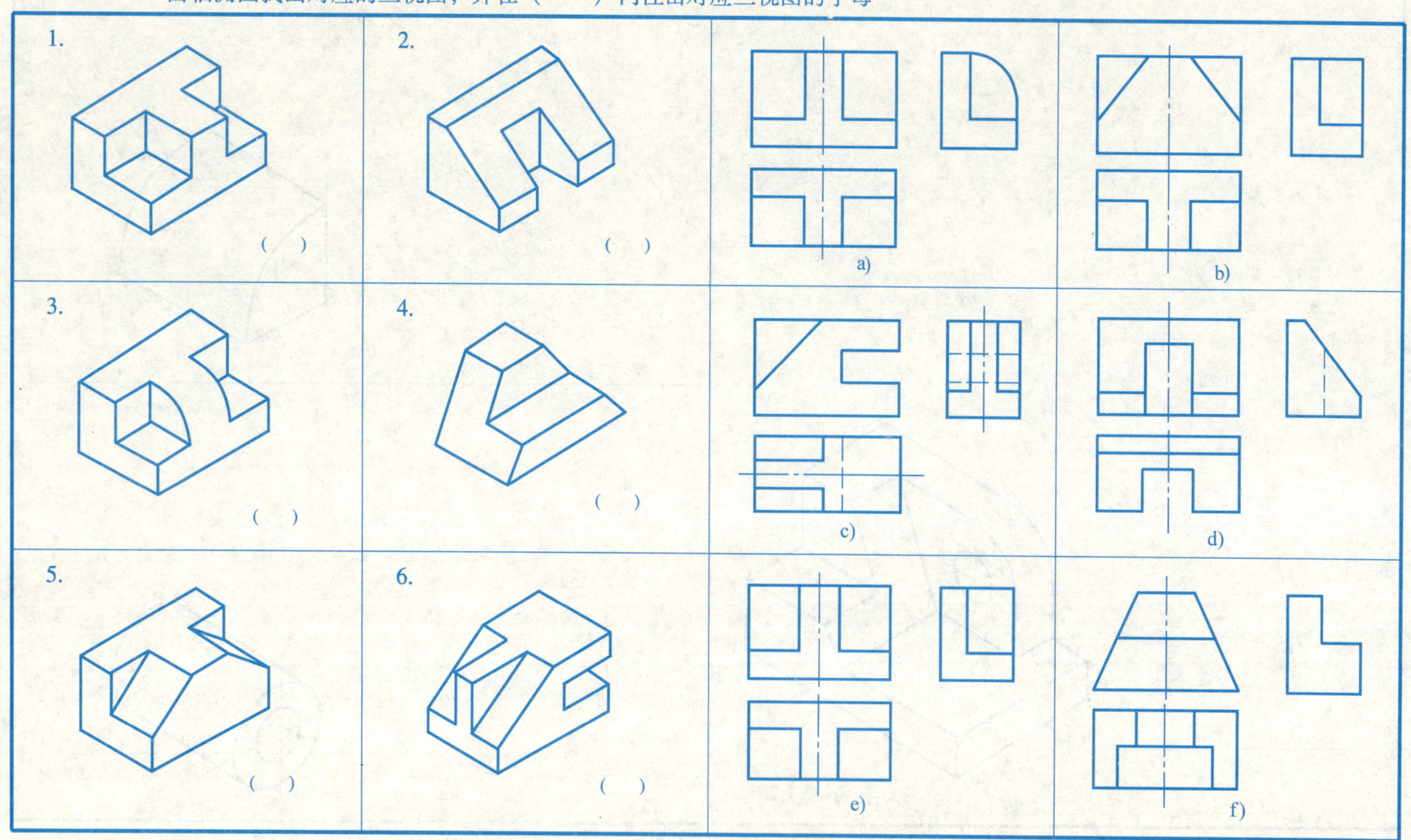

3-3-2　根据三视图找出对应的轴测图，在（　　）内注出对应轴测图的字母，并补画视图中的缺线

1.

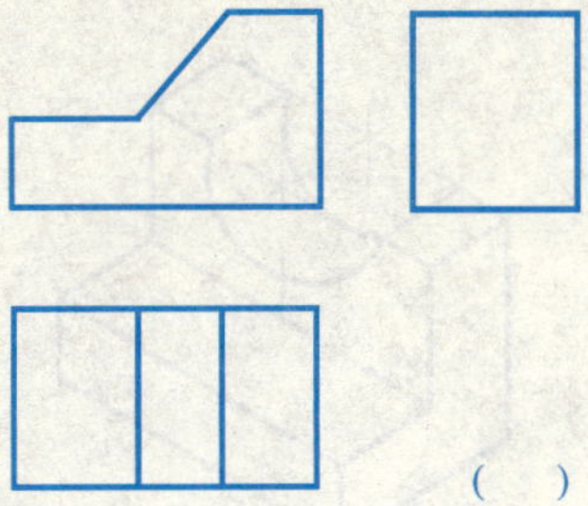

（　）

2.

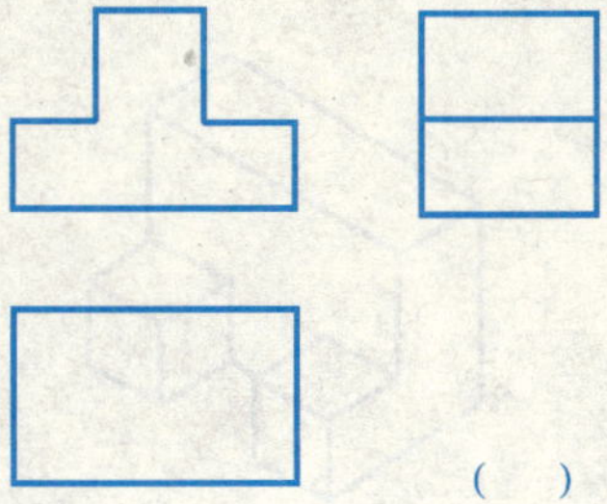

（　）

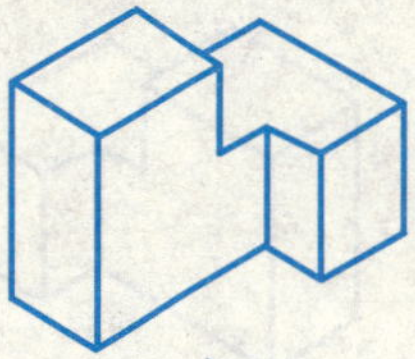

a)

b)

3.

（　）

4.

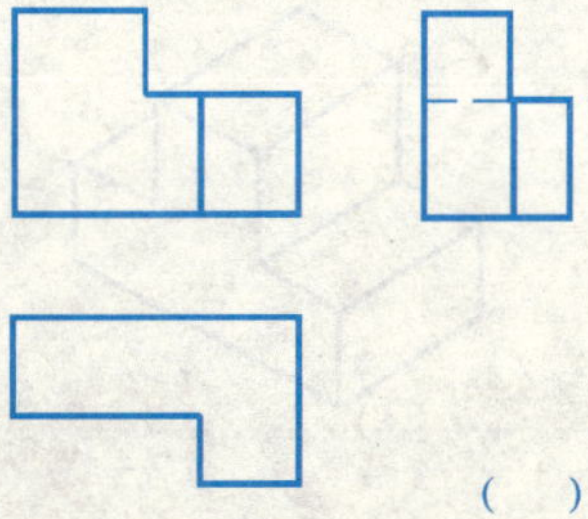

（　）

c)

d)

5.

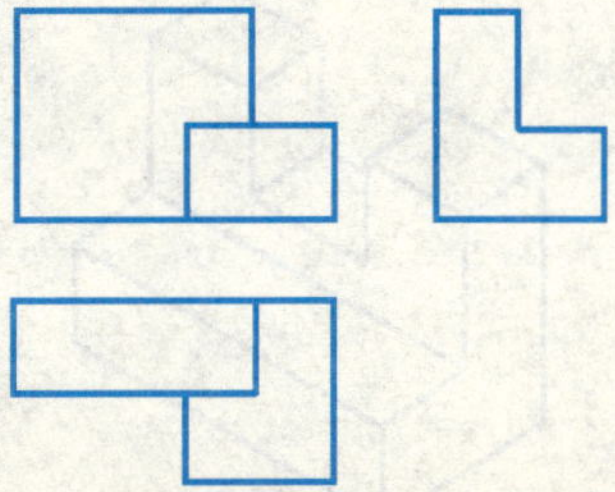

（　）

6.

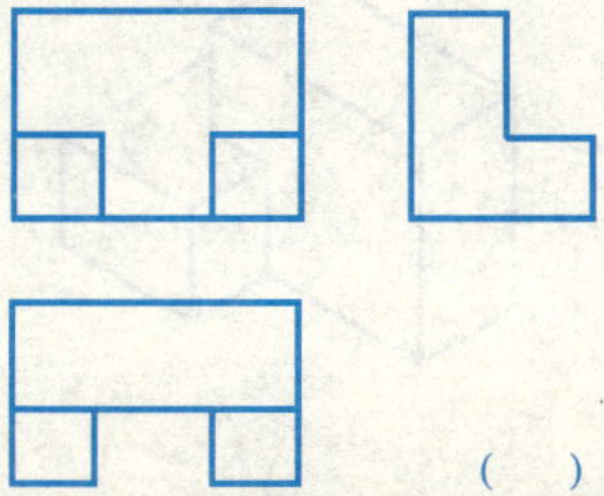

（　）

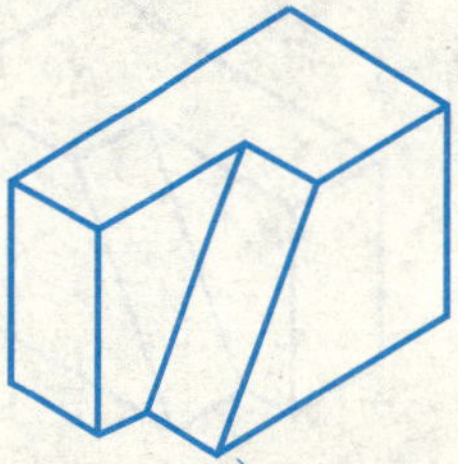

e)

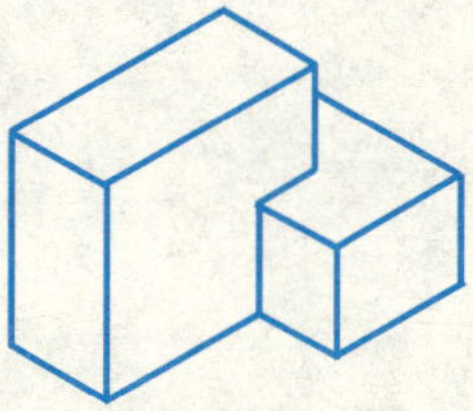

f)

No. 3 作业：根据轴测图画三视图

3－3－3　根据轴测图画三视图作业

作业指导

一、目的

1. 熟悉三视图的形成及相互之间的关系。

2. 掌握由轴测图画三视图的方法。

二、内容和要求

1. 根据教师指定的题号，画物体的三视图。

2. 用 A4 图纸，按 2:1 绘图。

三、注意

1. 三视图之间应符合“长对正、高平齐、宽相等”的投影关系。

2. 在轴测图上度量尺寸，只能沿轴测轴方向测量，并取整数。每一尺寸只能测量一次。

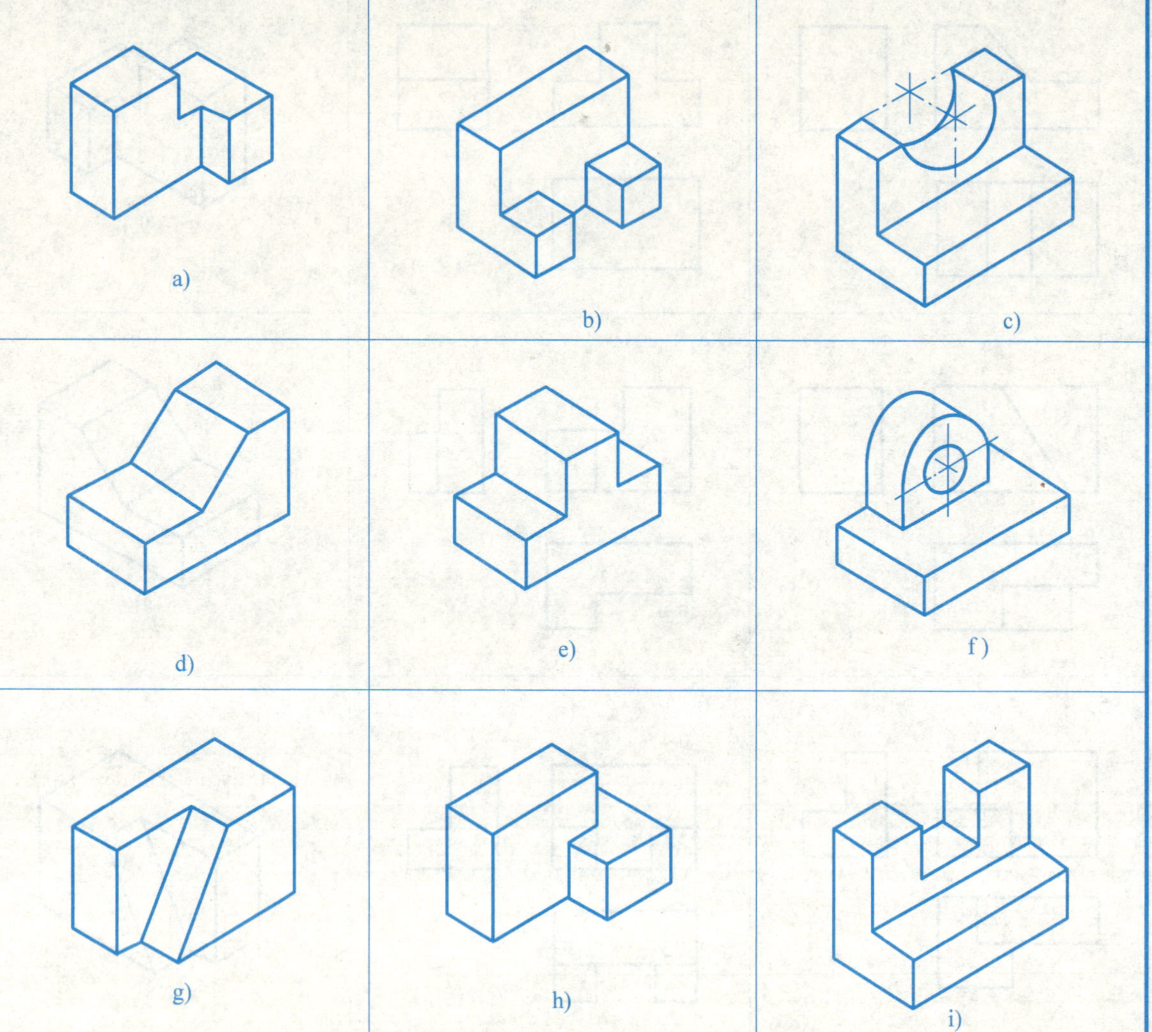

第四章　点、直线、平面的三视图

4-1　点的三视图

练习：点的三视图及其应用

4-1-1　完成下列各题的作图

1. 完成点 A 的轴测图（1），根据（1）求作点 A 的三面投影图（2），再根据（2）求作点 A 的轴测图（3）（X、Y 值均增大一倍，Z 值不变）。然后分析图（3）中各条线的意义（可在其等长线上画一相同记号配合分析），并写出点 A 的坐标。

（1）

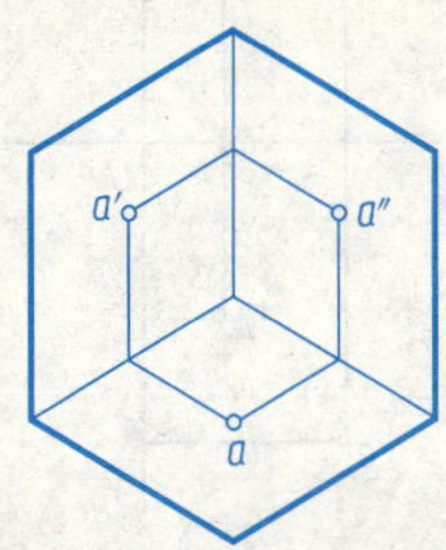

（2）　　（3）

A（　　　　）

2. 分别画出各四棱锥锥顶的投影连线，补全投影的标号，再比较锥顶点 Ⅰ、Ⅱ 的相对位置。

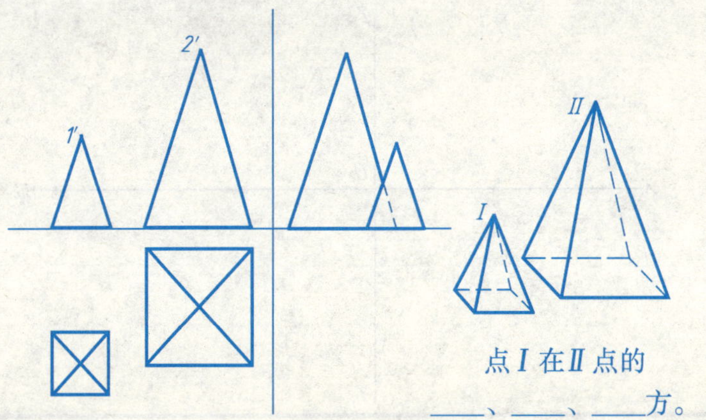

点Ⅰ在Ⅱ点的____、____、____方。

3. 已知点 A、点 B 的一面投影，又知点 A 距 H 面 20，点 B 在 V 面上，求作点 A、点 B 的另两面投影。

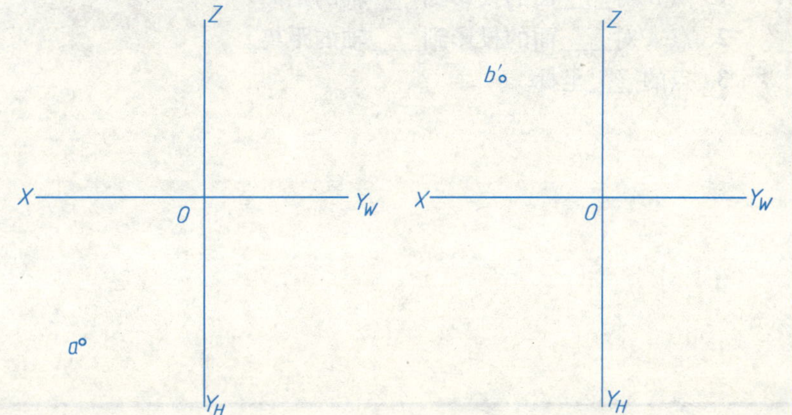

试题：作点的三视图

4-1-2　完成下列各题

4(1)-1-A(1)　完成图 a 中点 A 的直观图；再根据图 a 在图 b 中作出点 A 的三面投影图。

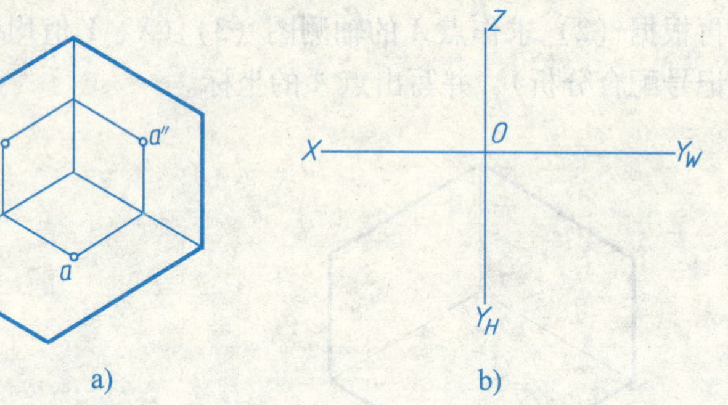

a)　　　b)

4(1)-1-A(2)　在三面投影体系中，空间点 A 到 H 面的距离，可由下列三个数值表示：

1. 点 A 对____面的投影到____轴的距离。
2. 点 A 对____面的投影到____轴的距离。
3. 点的____坐标。

4(1)-1-A(3)　图示 A、B 两点的三面投影，试判断它们的相对位置（在选中的结果下打√）。

点 B 在点 A 之（上、下）

点 B 在点 A 之（前、后）

点 B 在点 A 之（左、右）

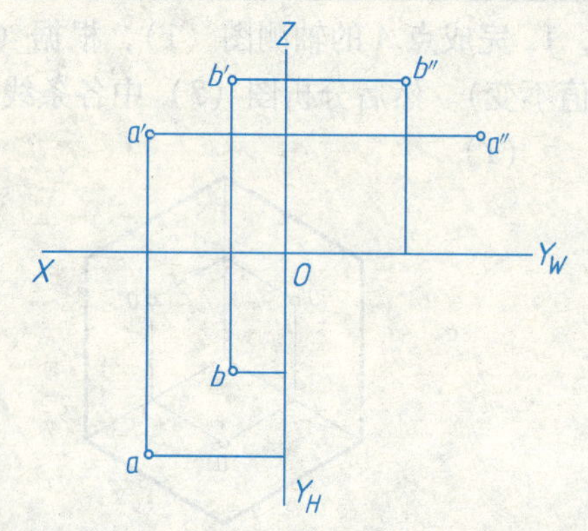

4(1)-1-A(4)　点 B 到各投影面 H、V、W 的距离均为 20，试作出其三面投影，并写出其坐标值。

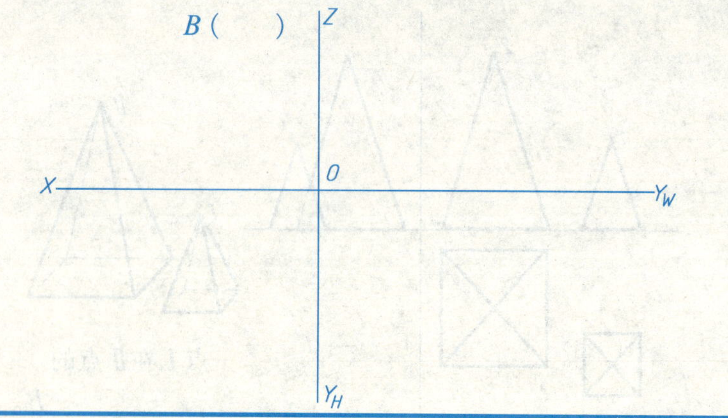

4－2　直线的三视图

练习：物体与直线

4－2－1　根据直线的一个投影，求出其它两个投影，在立体图上标注出该直线的位置，并作填充题（参照第一题题解）

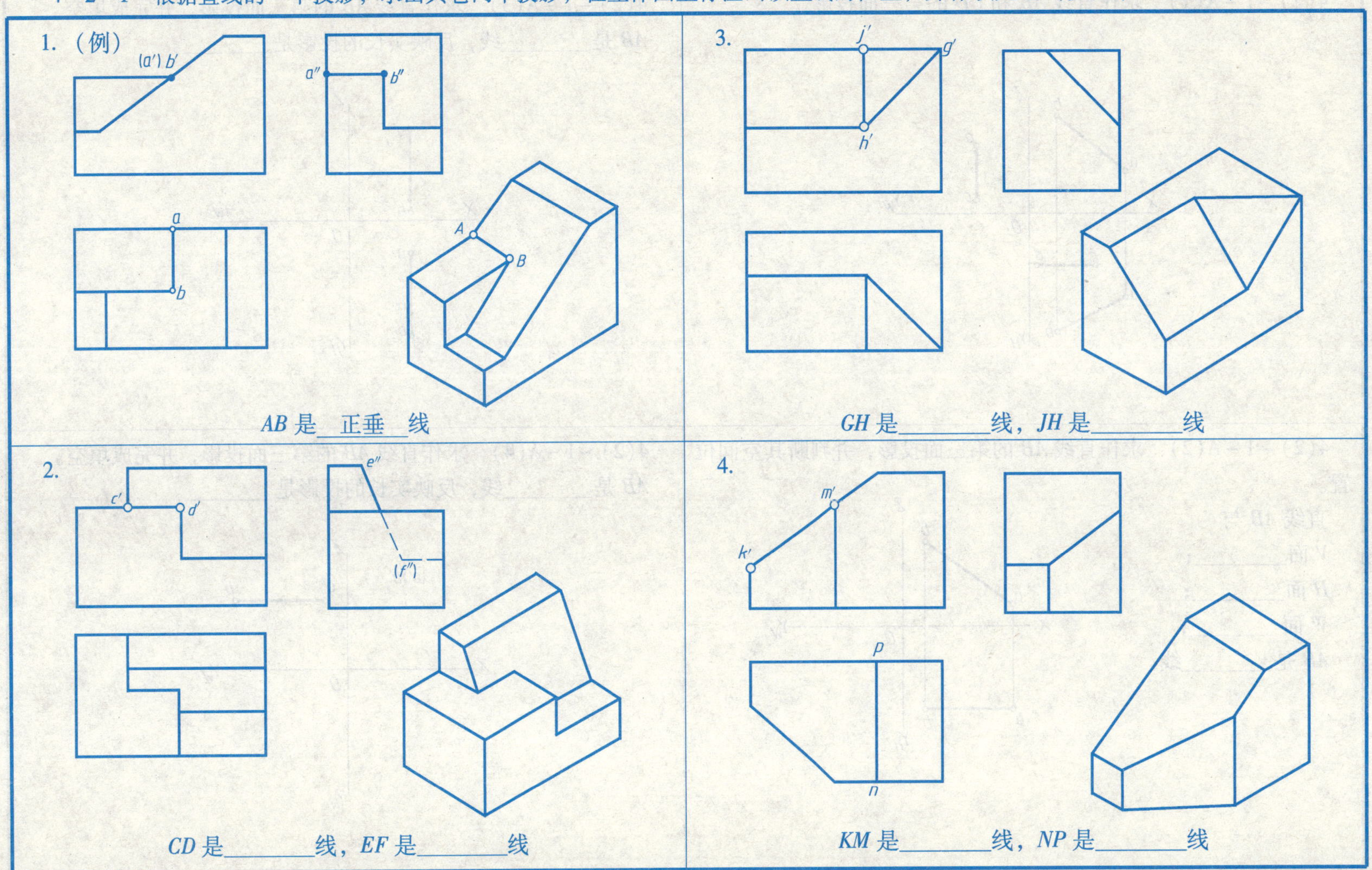

试题：作直线的三视图

4 -2 -2　完成下列各题

4(2) -1 - A(1)　求作直线 *AB* 和 *CD* 的第三面投影。

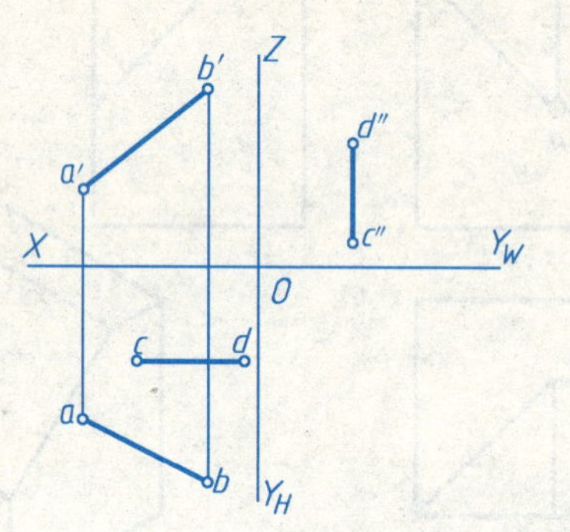

4(2) -1 - A(3)　求作直线 *AB* 的第三面投影，并完成填空。

AB 是________线，反映实长的投影是________。

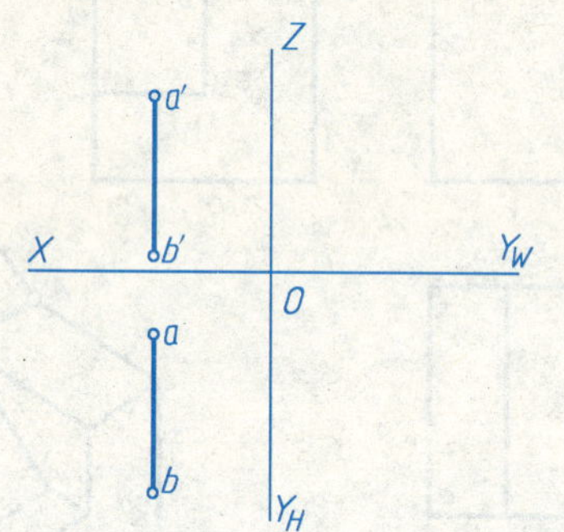

4(2) -1 - A(2)　求作直线 *AB* 的第三面投影，并判断其空间位置。

直线 *AB* 与

V 面________；

H 面________；

W 面________；

AB 是________线。

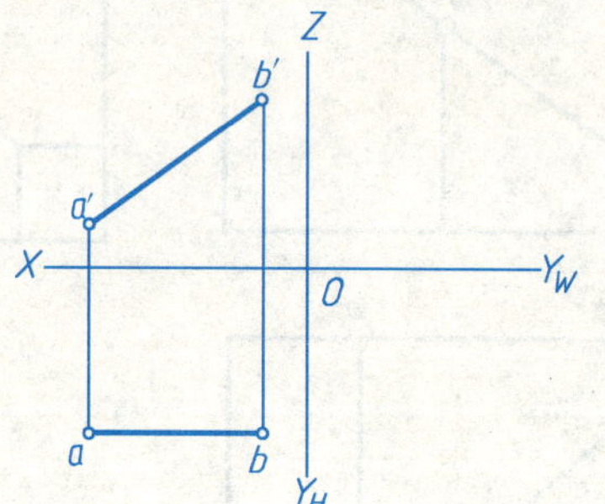

4(2) -1 - A(4)　求作直线 *AB* 的第三面投影，并完成填空。

AB 是________线，反映实长的投影是________。

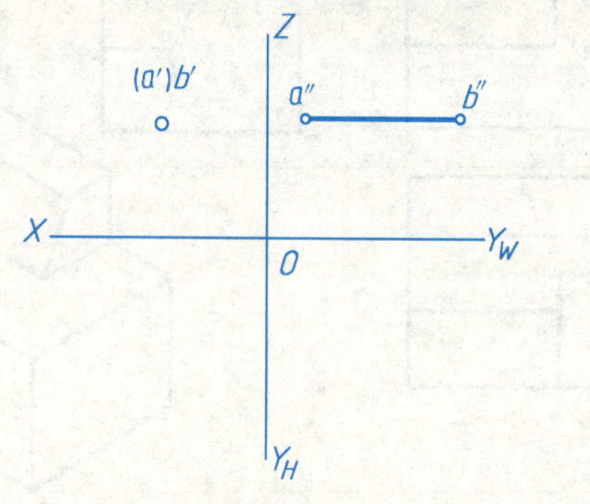

4 –3　平面的三视图

练习：物体与平面

4 –3 –1　补画下列各题中平面的三视图，并填空

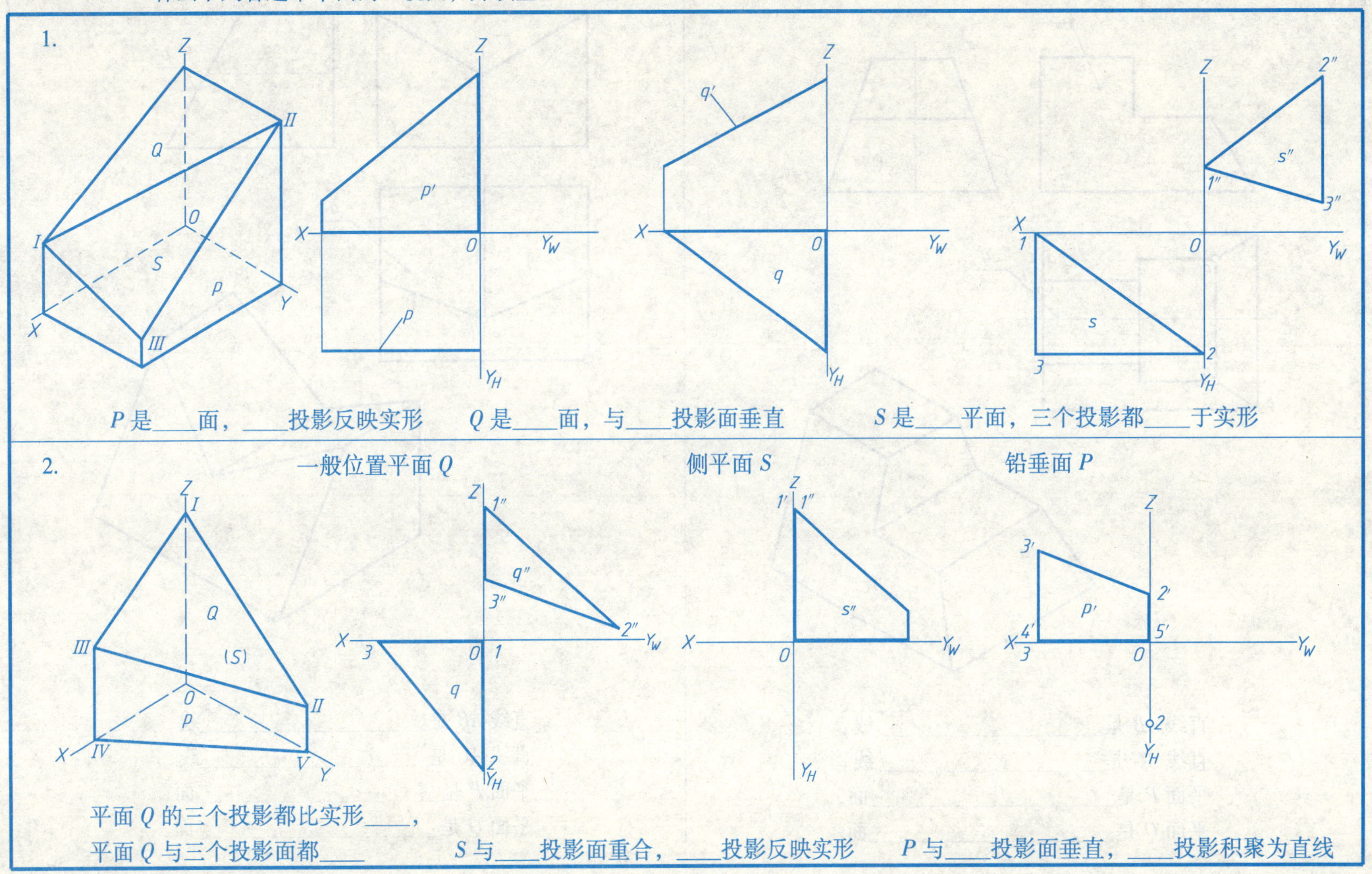

P 是____面，____投影反映实形　　Q 是____面，与____投影面垂直　　S 是____平面，三个投影都____于实形

一般位置平面 Q　　侧平面 S　　铅垂面 P

平面 Q 的三个投影都比实形____，

平面 Q 与三个投影面都____　　S 与____投影面重合，____投影反映实形　　P 与____投影面垂直，____投影积聚为直线

4-3-2 根据直线或平面的一个投影，求其它两个投影，在立体图上注出它们的位置，并作填充题

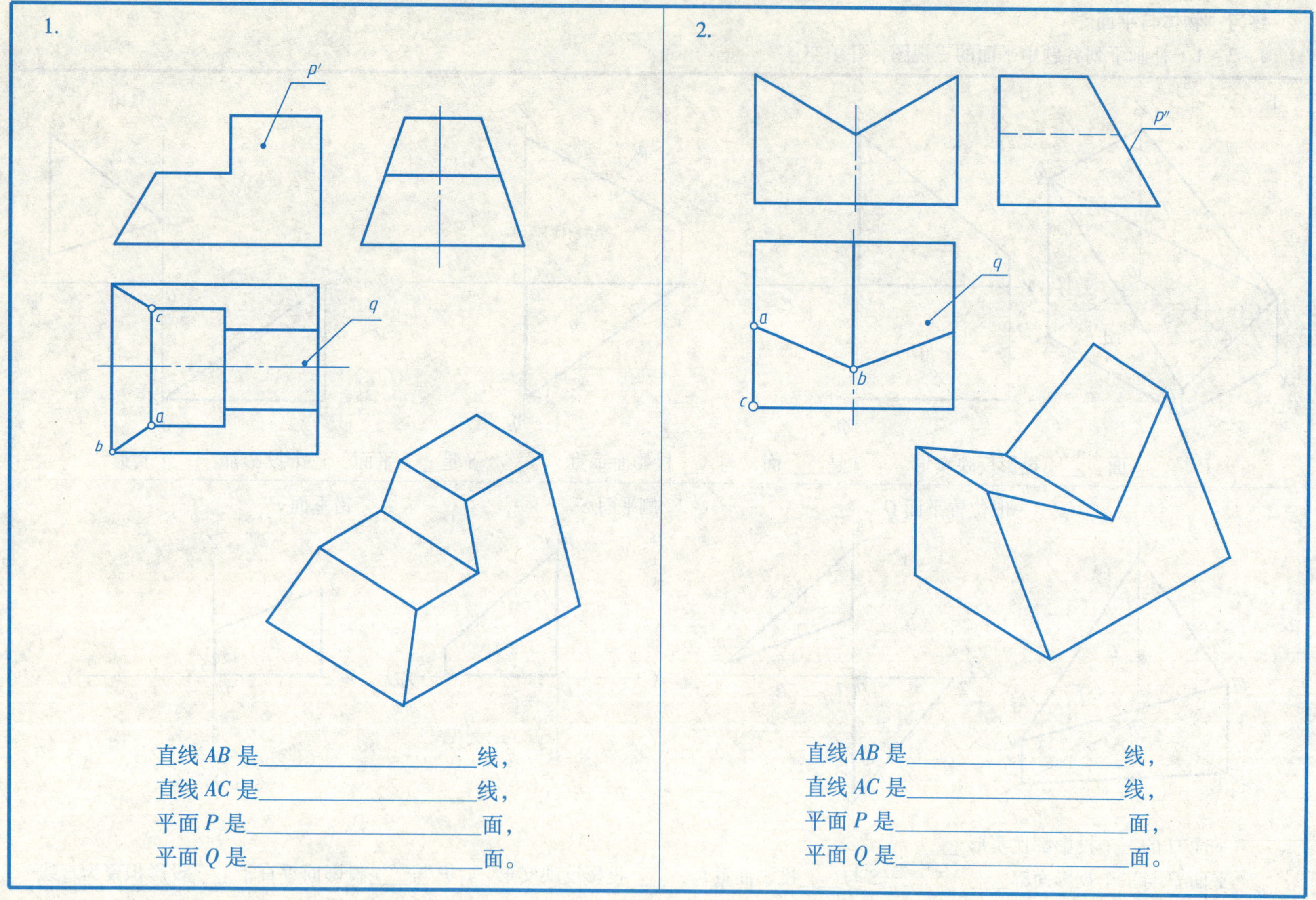

1.

直线 *AB* 是________________线，
直线 *AC* 是________________线，
平面 *P* 是________________面，
平面 *Q* 是________________面。

2.

直线 *AB* 是________________线，
直线 *AC* 是________________线，
平面 *P* 是________________面，
平面 *Q* 是________________面。

试题：作平面的三视图

4-3-3　完成下列各题

4(3)-1-A(1)　补平面 *ABC* 的第三个投影；三角形 *ABC* 是一个____面，正投影和水平投影有____性，侧投影有____性。

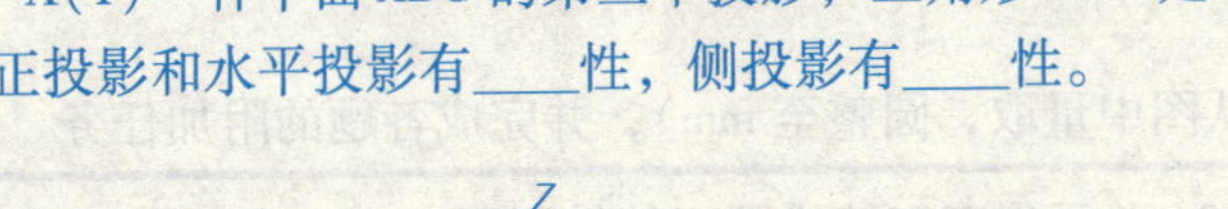

4(3)-1-A(2)　求作平面的第三面投影。

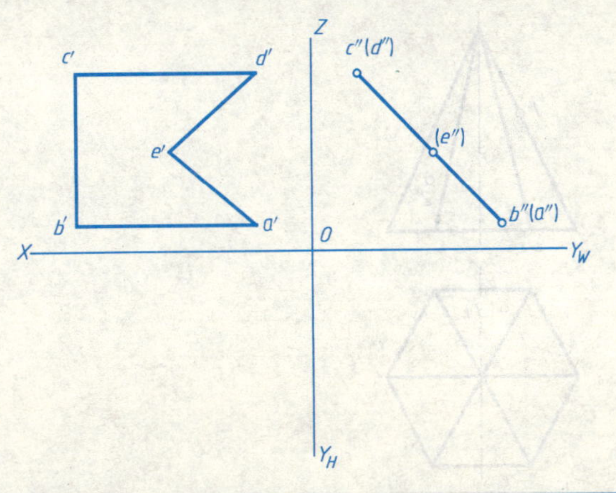

4(3)-1-A(3)　判断直线 *EF* 是否在三角形 *ABC* 上。

EF ____三角形 *ABC* 上（作图说明）。

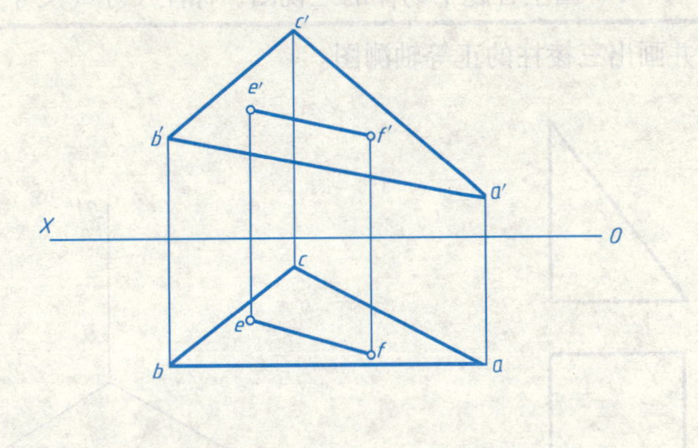

4(3)-1-A(4)　试判断点 *E* 是否在平面 *ABCD* 上。

点 *E* ____平面 *ABCD* 上（作图说明）。

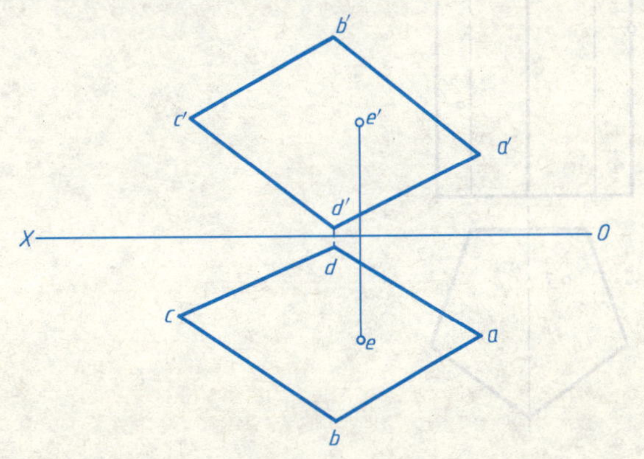

第五章　基本体的三视图及尺寸标注

5-1　平面体的三视图

练习：补视图、标尺寸、表面找点

5-1-1　画全各题中物体的三视图、标注尺寸（尺寸大小按 1:1 从图中量取，圆整至 mm），并完成各题的附加任务

1. 并画出三棱柱的正等轴测图。

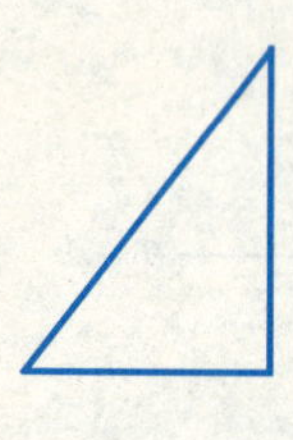

3. 并画出正三棱锥的正等轴测图。

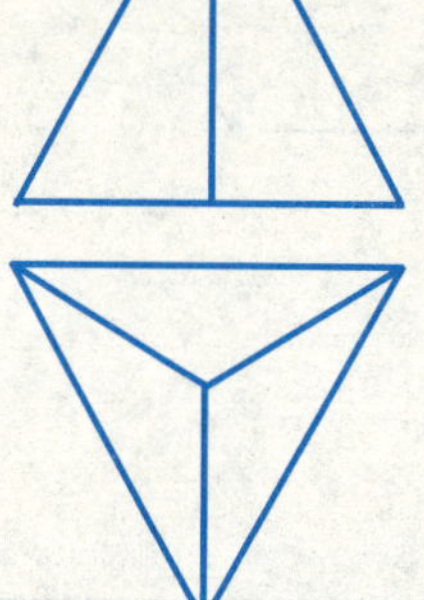

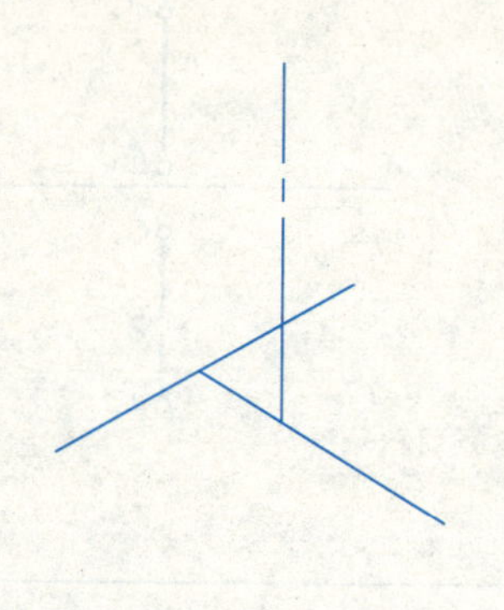

2. 并求出正五棱柱表面点的其它两个投影。

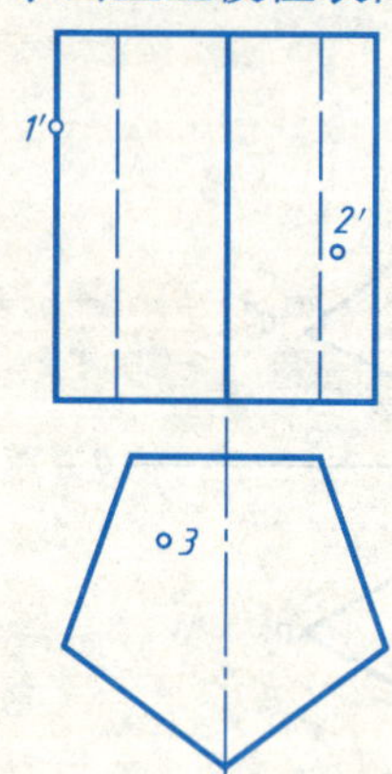

4. 并求出正六棱锥表面点的其它两个投影。

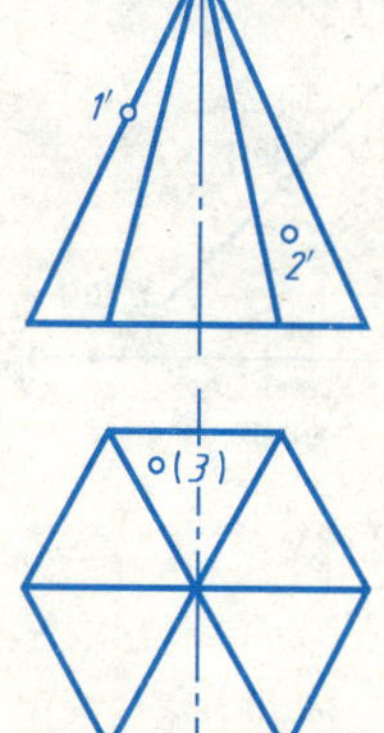

试题：补视图、标尺寸、表面找点

5-1-2　完成下列各题

5(1)-2-A(1)　补视图，标注尺寸（尺寸大小按1:1从图中量取，圆整至mm）；求表面各线段的其它投影（保留作图辅助线）。

5(1)-2-A(2)　补视图，标注尺寸（尺寸大小按1:1从图中量取，圆整至mm）；求表面各线段的其它投影（保留作图辅助线）。

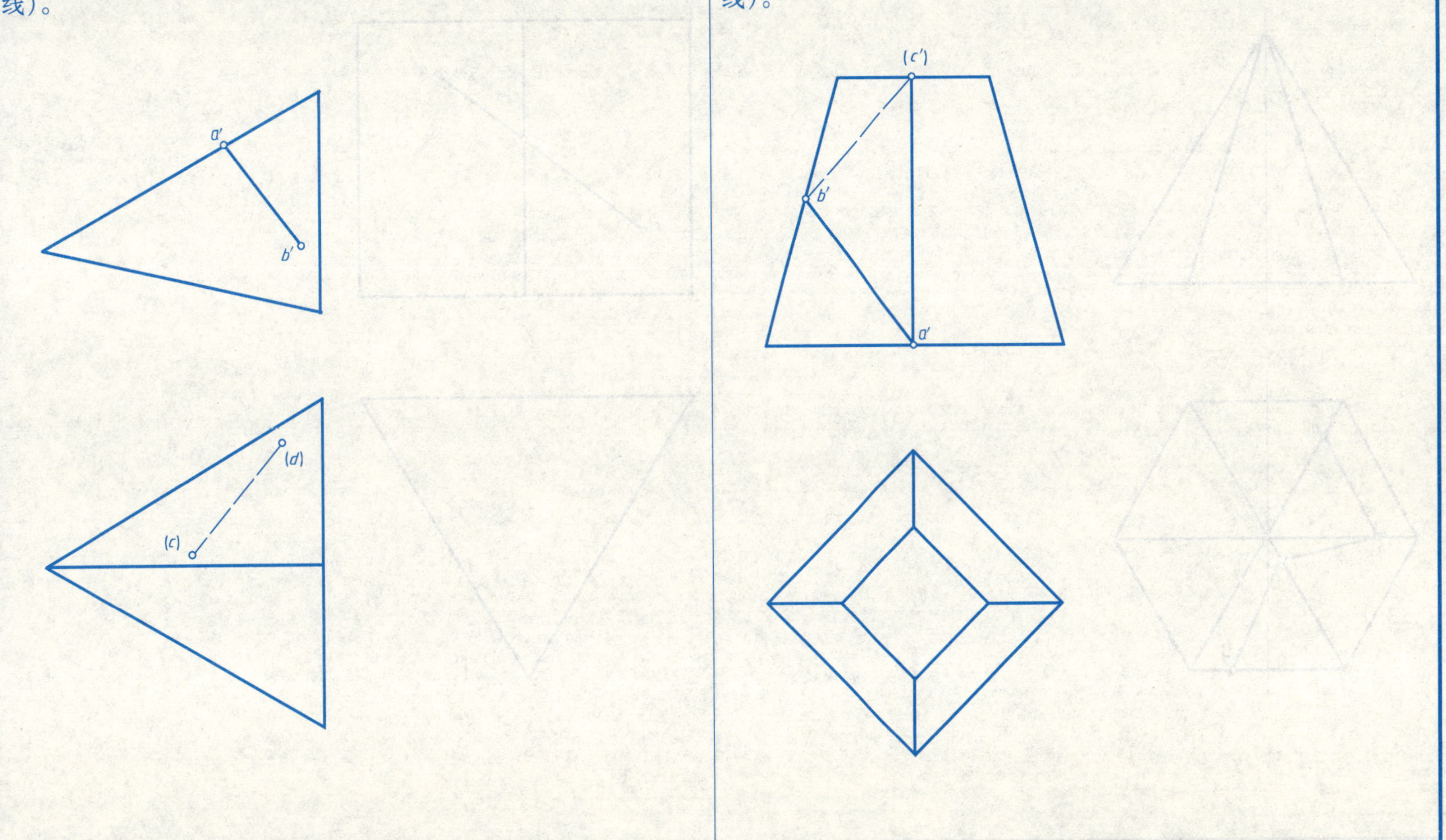

5－1－3　完成下列各题（续）

5(1)－2－A(3)　补视图，标注尺寸（尺寸大小按1:1从图中量取，圆整至mm）；求表面各线段的其它投影（保留作图辅助线）。

5(1)－2－A(4)　补视图，标注尺寸（尺寸大小按1:1从图中量取，圆整至mm）；求表面各线段的其它投影（保留作图辅助线）。

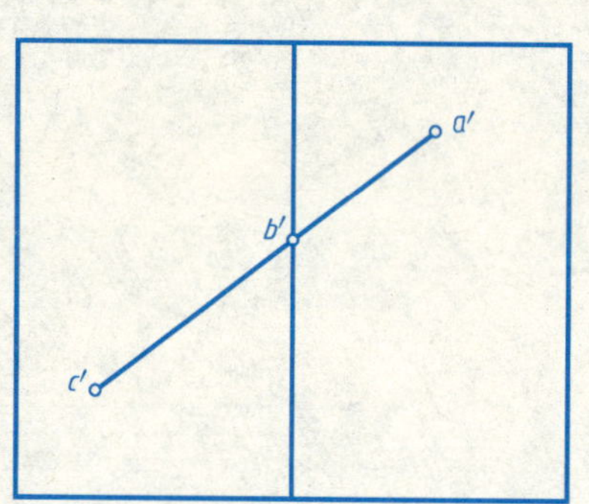

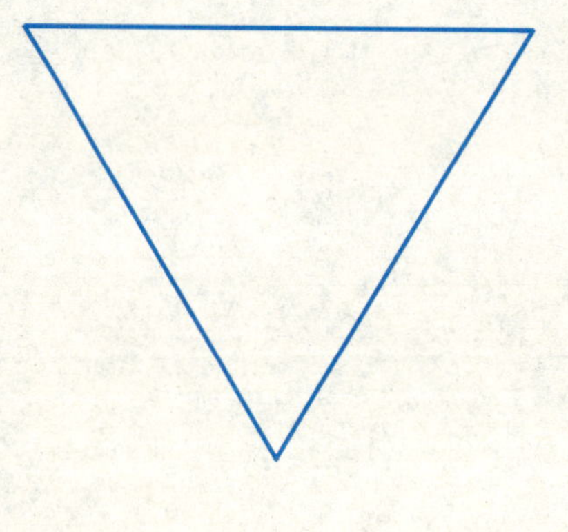

5-2　回转体的三视图

练习：补视图、标尺寸、表面找点

5-2-1　画全各题中物体的三视图，标注尺寸（尺寸大小按1:1从图中量取，圆整至mm），并完成各题的附加任务

1. 圆柱（长30mm）。

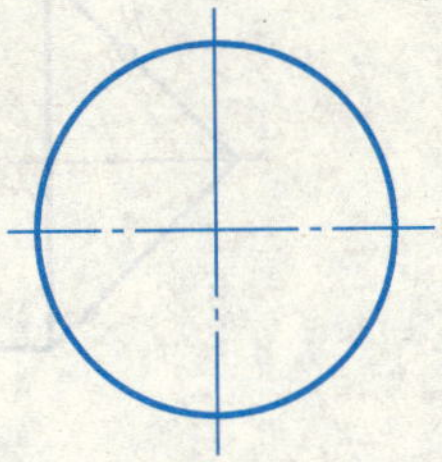

3. 并求出圆柱表面点的三面投影。

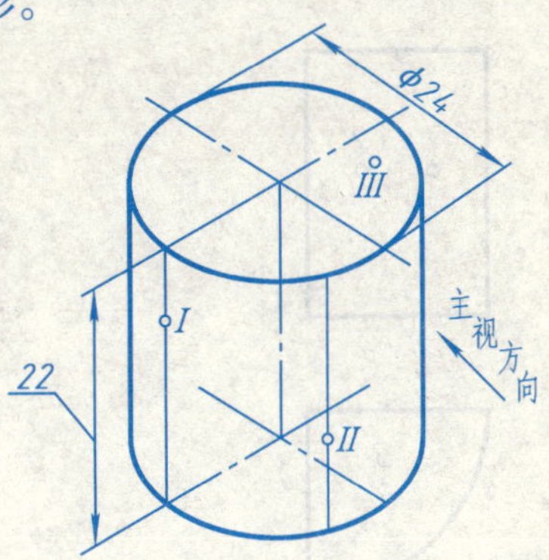

2. 并标出圆台表面点的三面投影。

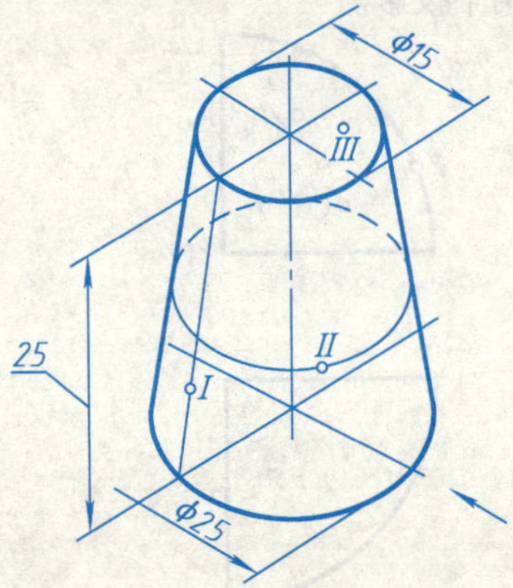

4. 并求出立体表面点的其它两个投影。

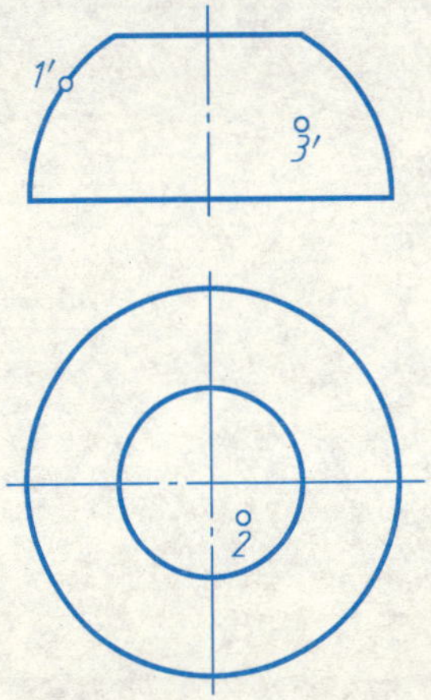

试题：补视图、标尺寸、表面找点

5-2-2　完成下列各题（一）

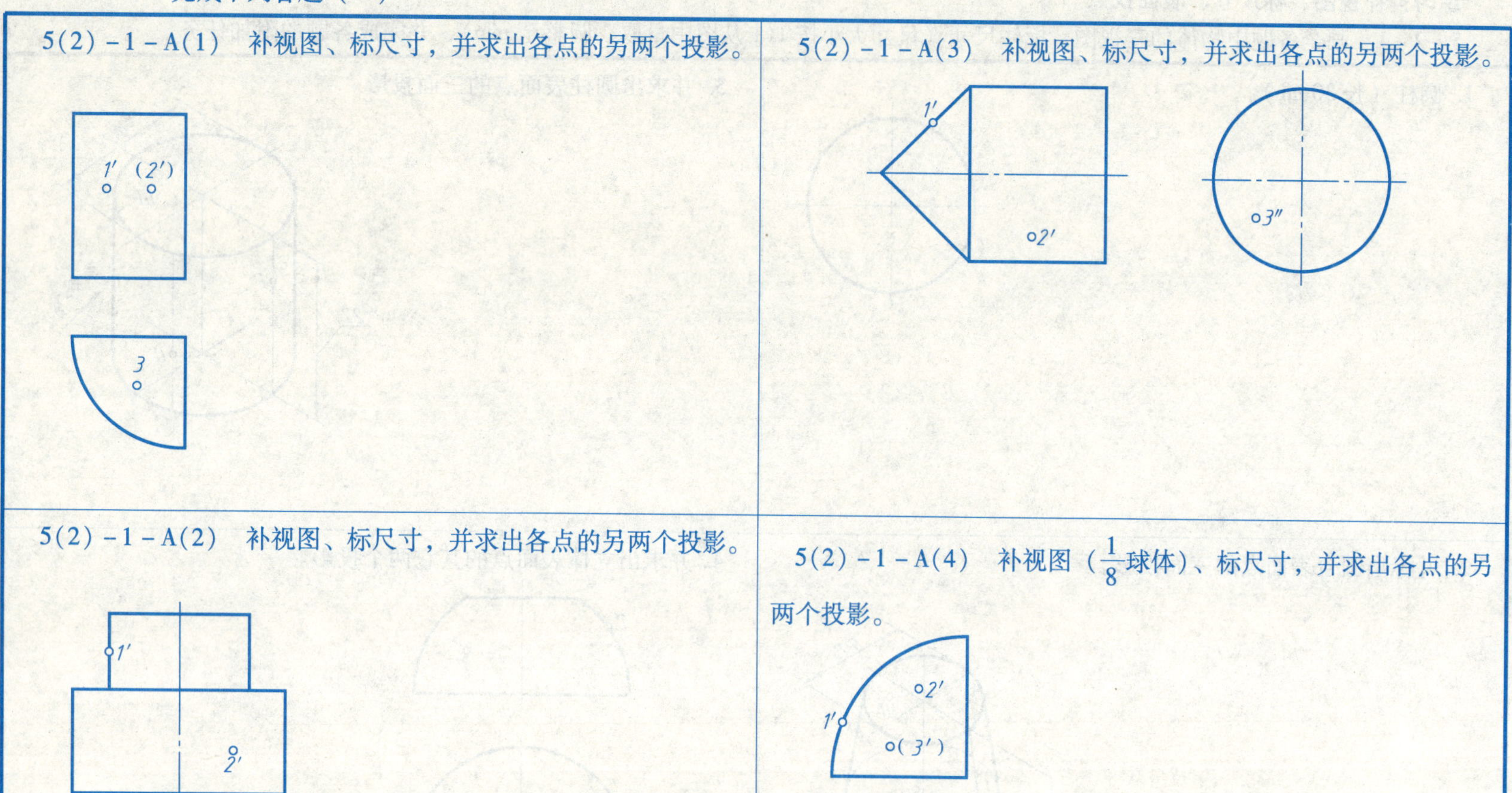

5－2－3　完成下列各题（二）

5(2)－2－A(1)　写出物体的名称，补画第三视图，标注尺寸（尺寸大小按1∶1从图中量取，圆整至mm）；并求表面上各点的另两个投影（保留作图辅助线）。

该物体是＿＿＿＿＿＿＿＿＿＿＿。

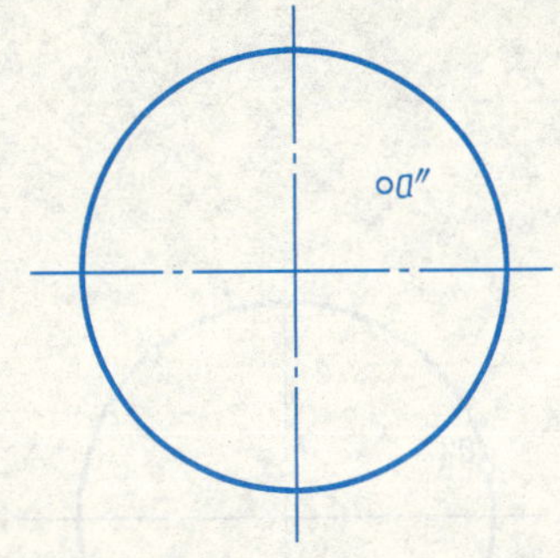

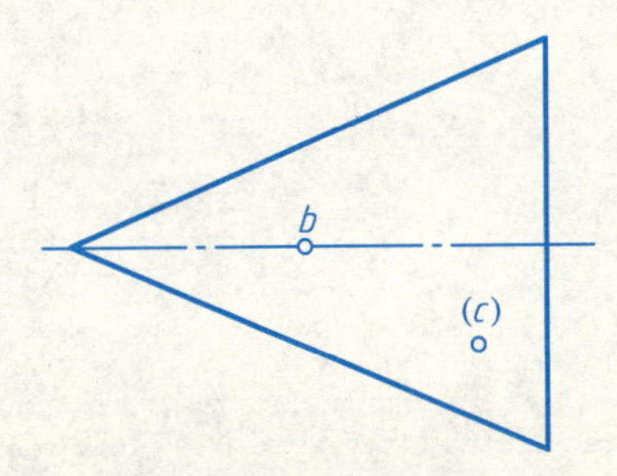

5(2)－2－A(2)　写出物体的名称，补画第三视图，标注尺寸（尺寸大小按1∶1从图中量取，圆整至mm）；并求表面上各点的另两个投影（保留作图辅助线）。

该物体是＿＿＿＿＿＿＿＿＿＿＿。

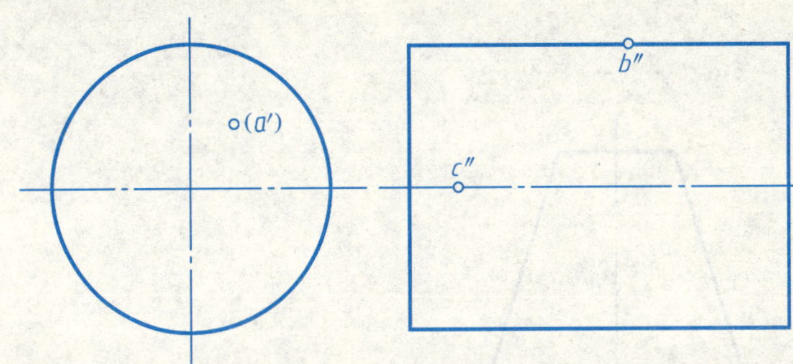

5(2)-2-A(3)　写出物体的名称，补画第三视图，标注尺寸（尺寸大小按1∶1从图中量取，圆整至mm）；并求表面上各点的另两个投影（保留作图辅助线）。

该物体是＿＿＿＿＿＿＿＿＿＿。

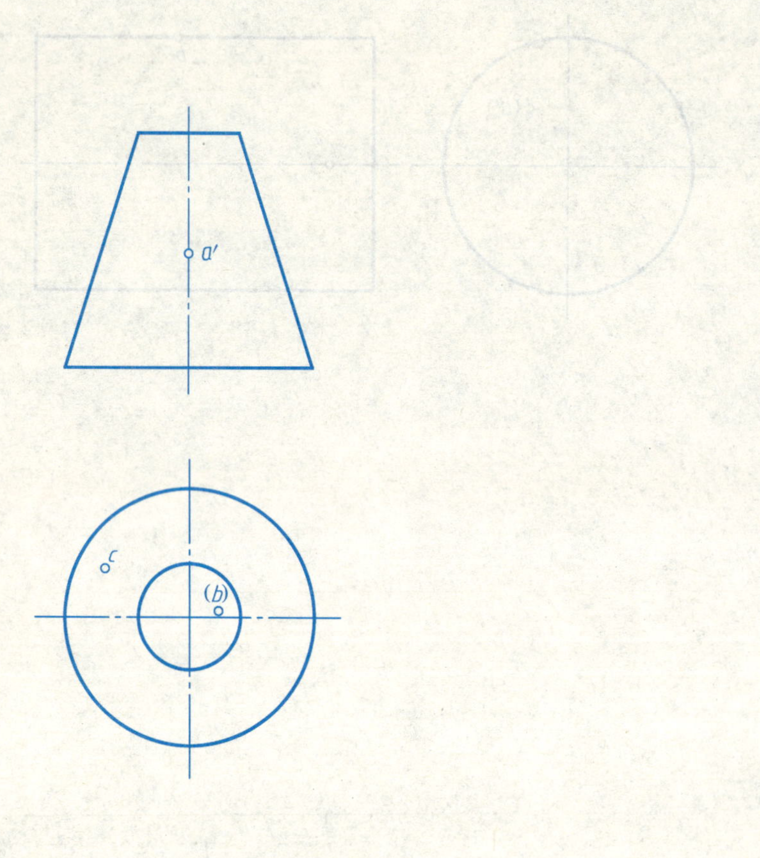

5(2)-2-A(4)　写出物体的名称，补画第三视图，标注尺寸（尺寸大小按1∶1从图中量取，圆整至mm）；并求表面上各点的另两个投影（保留作图辅助线）。

该物体是＿＿＿＿＿＿＿＿＿＿。

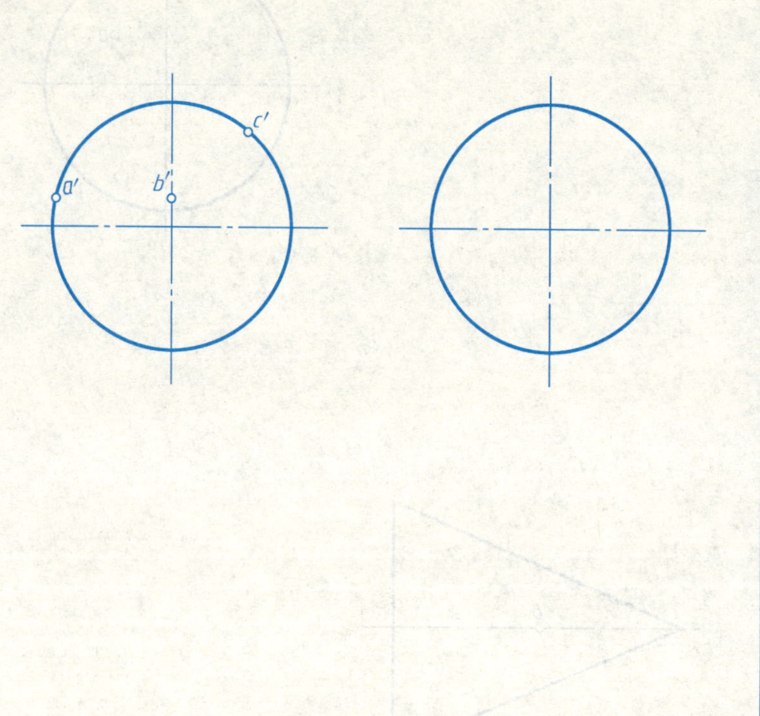

第六章　切割体的三视图及尺寸标注

6－1　画切割体的三视图

No. 4 作业：根据轴测图画切割体的三视图

6－1－1　根据轴测图画切割体的三视图

作业指导

一、目的

练习画切割体三视图的方法，加深对切割体的形成及其三视图基本知识的理解。

二、要求

用一张 A3（或两张 A4）图纸画出右图所示六个切割体的三视图（仪器图）。

三、注意

1. 严格按课本所授方法、步骤画图。

2. 尺寸大小按 1∶1 在图中量取并圆整至 mm；画图比例自定。

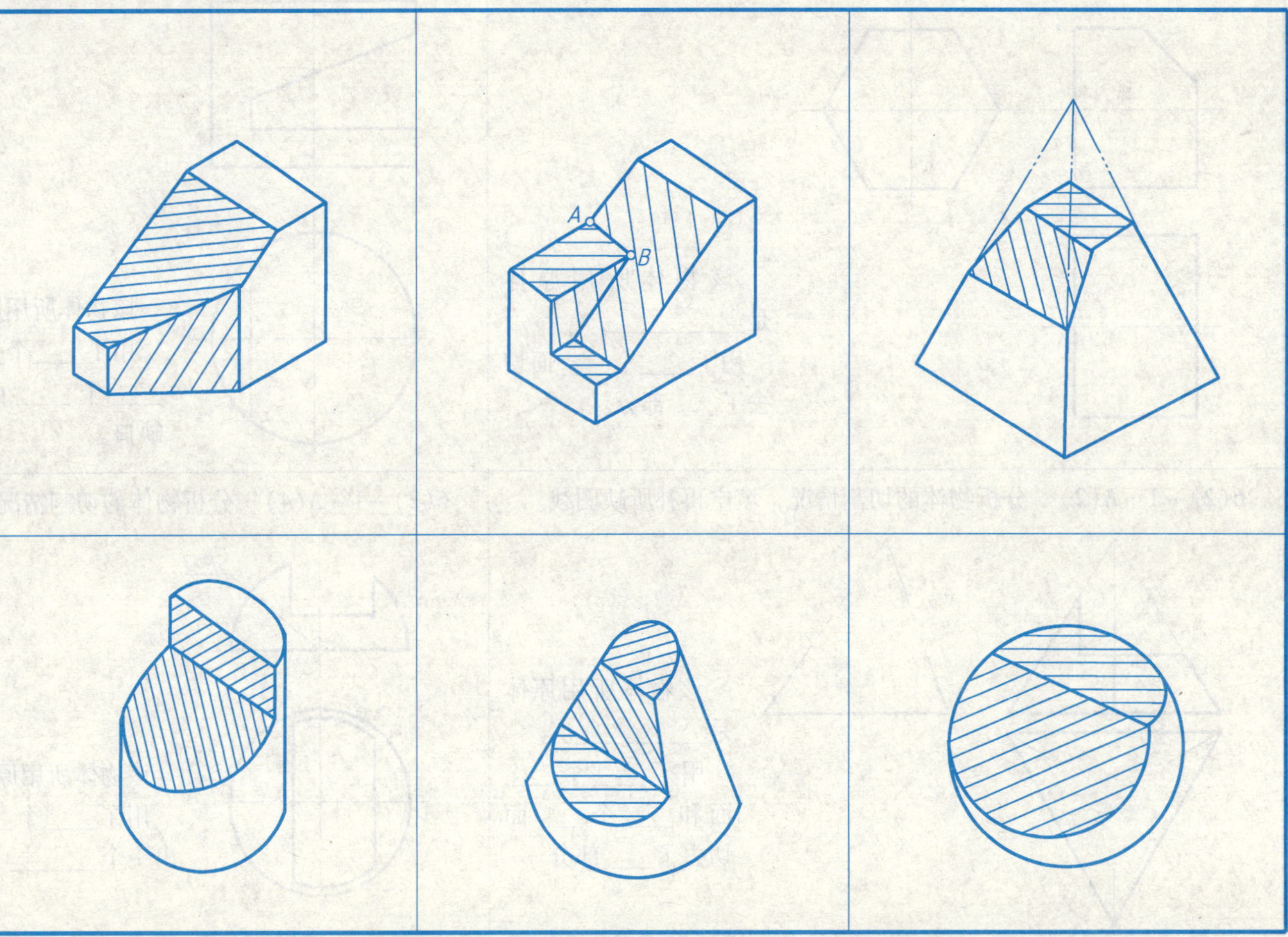

6－2　读切割体的三视图

试题：补视图、补缺线

6－2－1　补视图或补缺线（一）

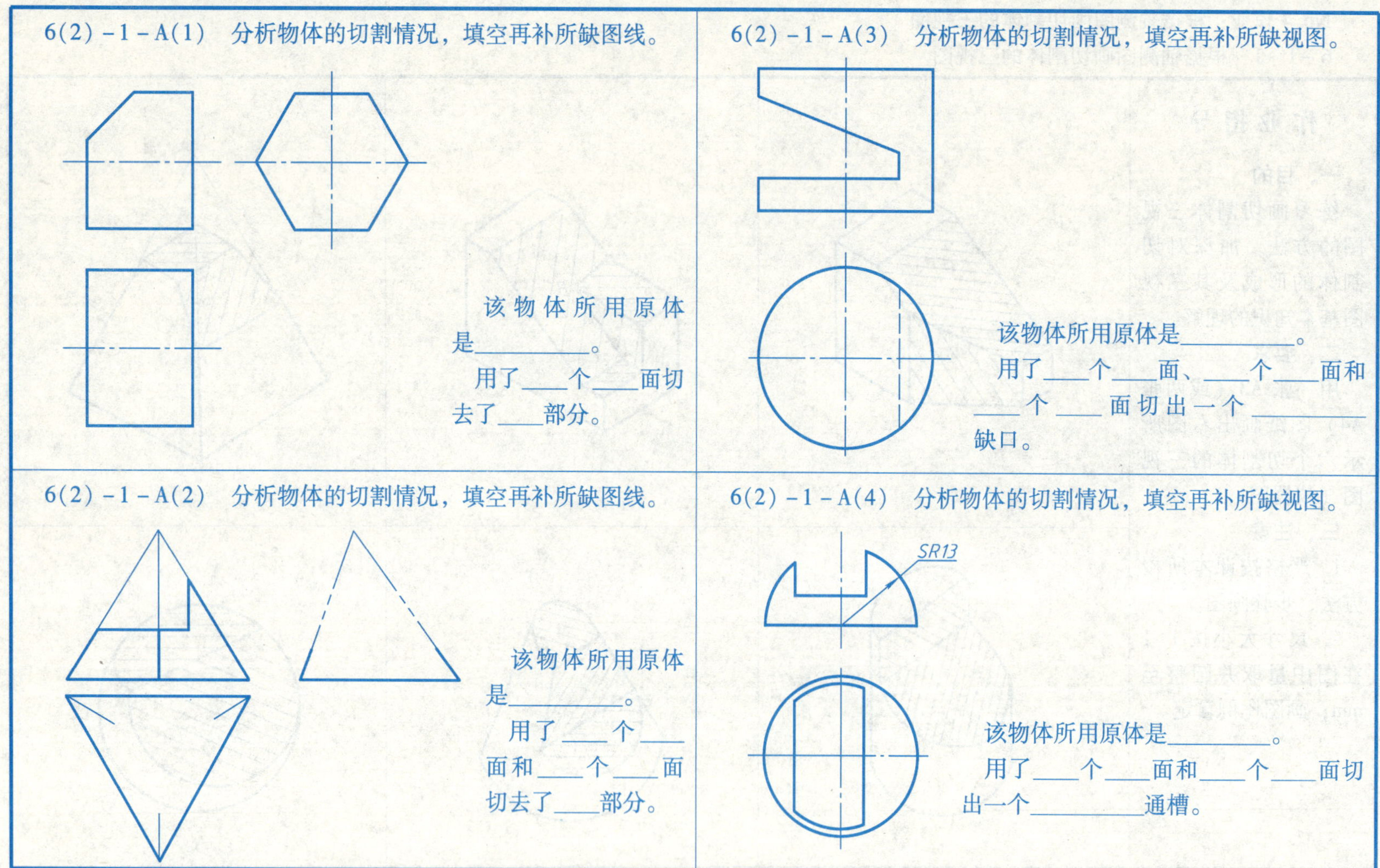

6－2－2　补视图或补缺线（二）

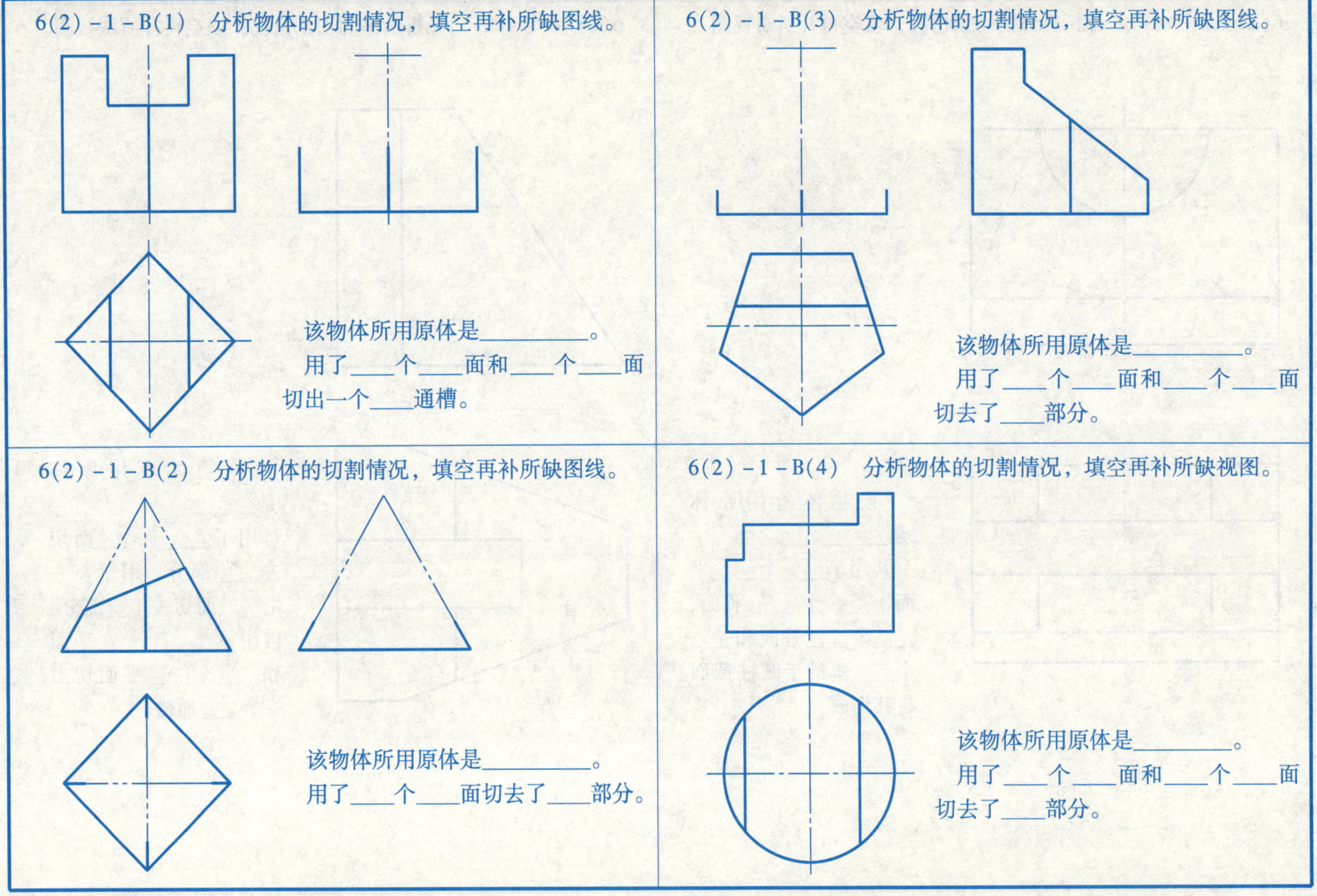

6-2-3 补视图或补缺线（三）

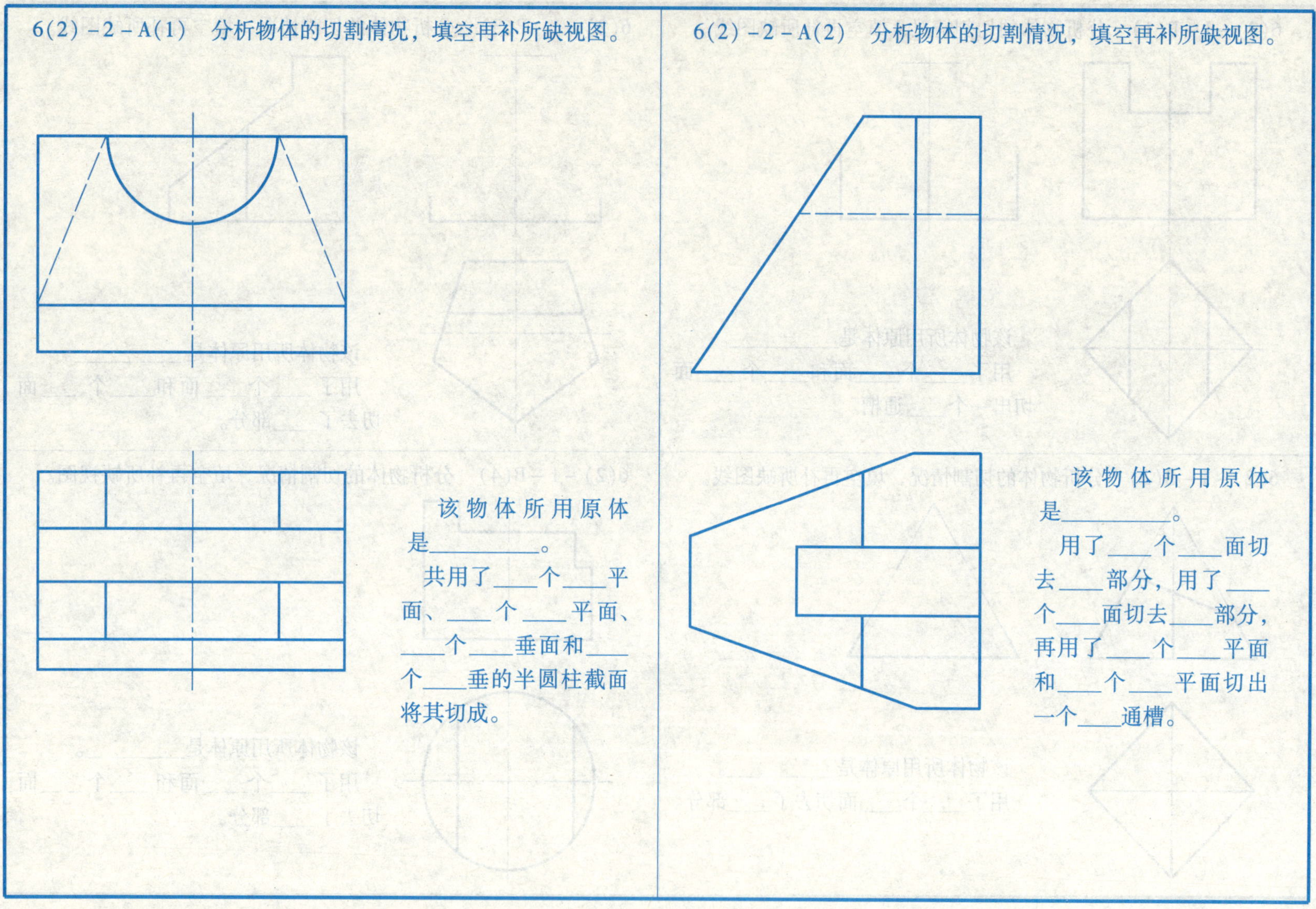

6(2)-2-A(1) 分析物体的切割情况，填空再补所缺视图。

该物体所用原体是________。

共用了____个____平面、____个____平面、____个____垂面和____个____垂的半圆柱截面将其切成。

6(2)-2-A(2) 分析物体的切割情况，填空再补所缺视图。

该物体所用原体是________。

用了____个____面切去____部分，用了____个____面切去____部分，再用了____个____平面和____个____平面切出一个____通槽。

6(2)-2-A(3) 分析物体的切割情况，填空再补所缺图线。

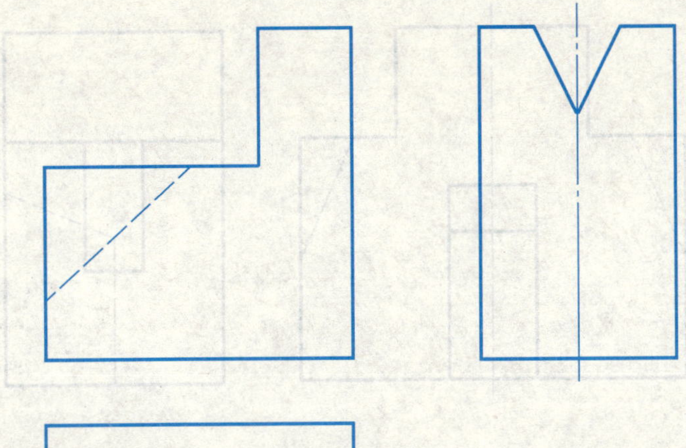

该物体所用原体为__________。

用了____个____平面和____个____平面切去了____部分；又用了____个____平面和____个____面切出一个斜槽；再用了____个____面切出一个V形________通槽。

6(2)-2-A(4) 分析物体的切割情况，填空再补所缺图线。

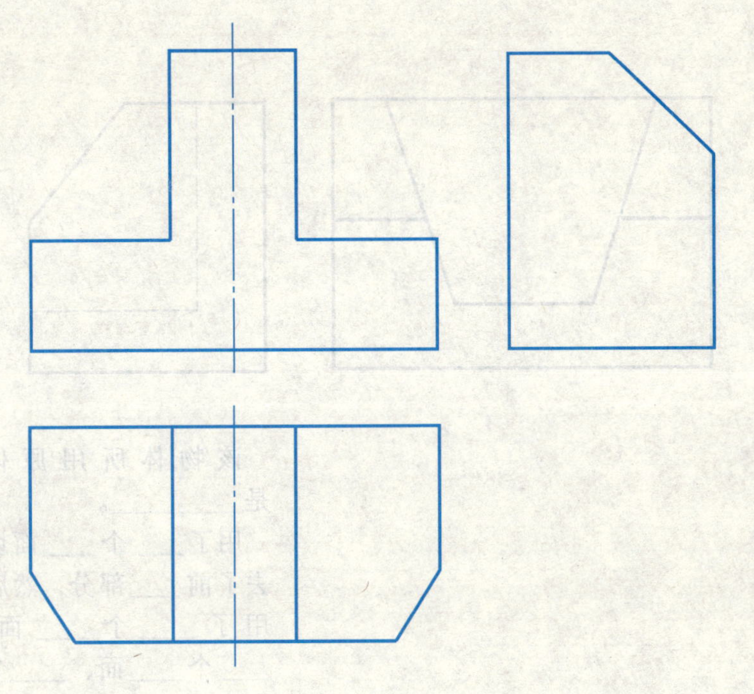

该物体所用原体为__________。

用了____个____平面和____个____平面左右对称地切去____个____块；又用了____个____面左右对称地在____方切去____个____块；再用了____个____面切去了________角。

6(2)-2-A(5)　分析物体的切割情况，填空再补所缺视图。

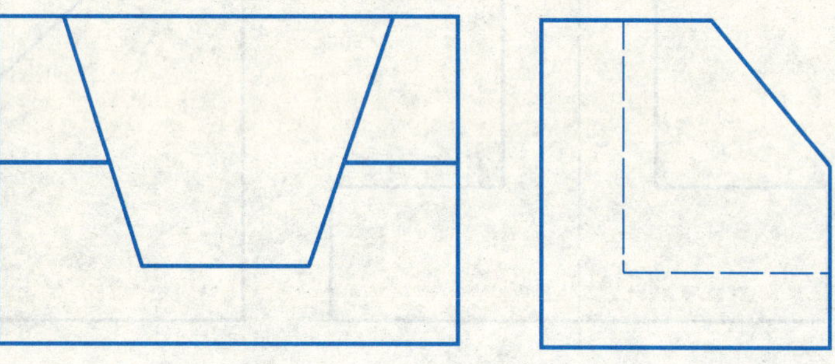

该物体所用原体是__________。

用了____个____面切去了前____部分，然后用了____个____面、____个____面、____个____面切出一个槽。

6(2)-2-A(6)　分析物体的切割情况，填空再补所缺视图。

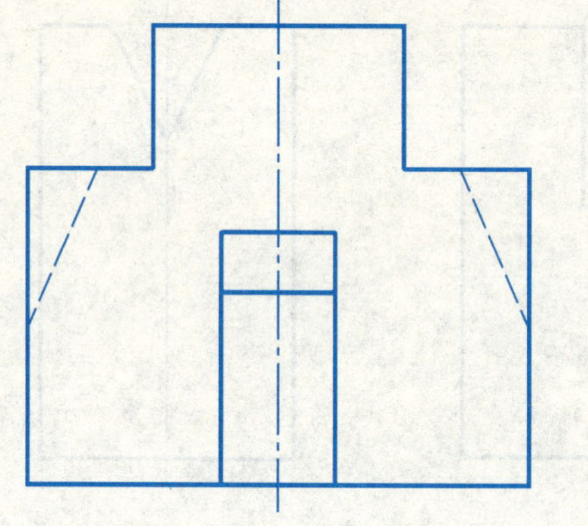

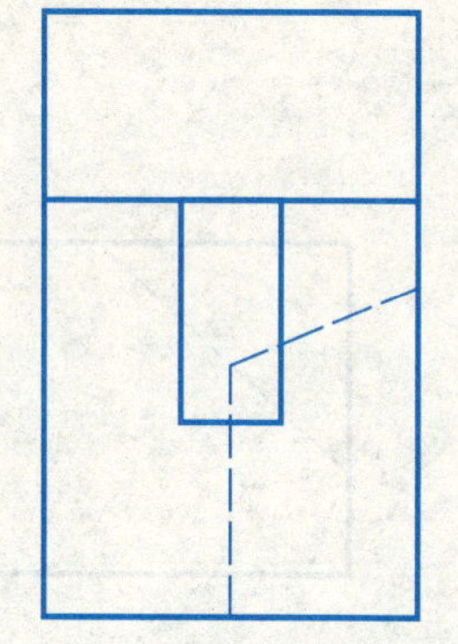

该物体所用原体是__________。

其前下方的槽是用____个____面、____个____面和____个____面切出的，上方两侧分别用____个____面和____个____面切出台阶，然后分别用____个____面和____个____面切出斜槽。

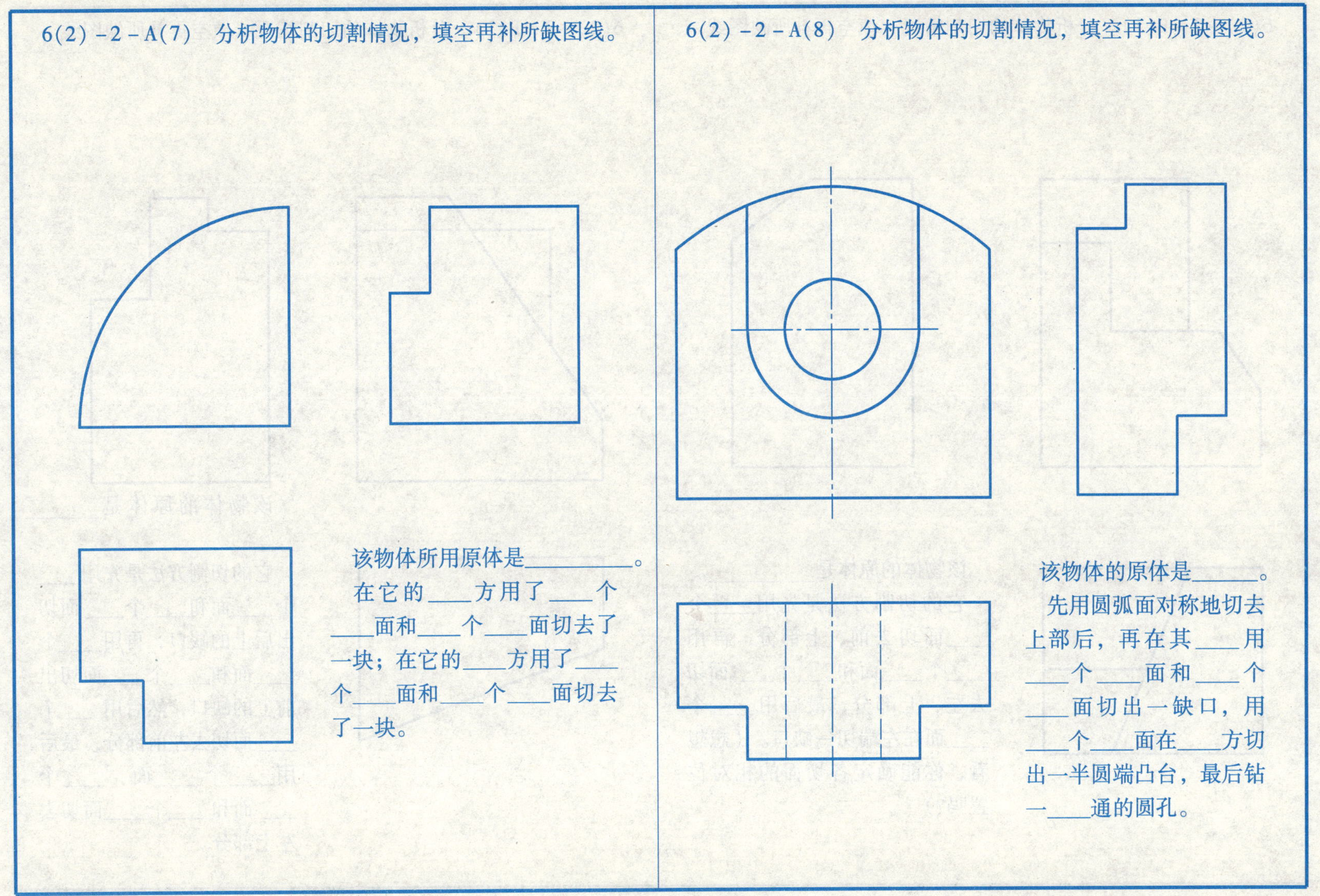

6(2)-2-A(7) 分析物体的切割情况，填空再补所缺图线。

该物体所用原体是__________。在它的____方用了____个____面和____个____面切去了一块；在它的____方用了____个____面和____个____面切去了一块。

6(2)-2-A(8) 分析物体的切割情况，填空再补所缺图线。

该物体的原体是______。先用圆弧面对称地切去上部后，再在其____用____个____面和____个____面切出一缺口，用____个____面在____方切出一半圆端凸台，最后钻一____通的圆孔。

6(2)－2－B(1)　分析物体的切割情况，填空再补所缺图线。

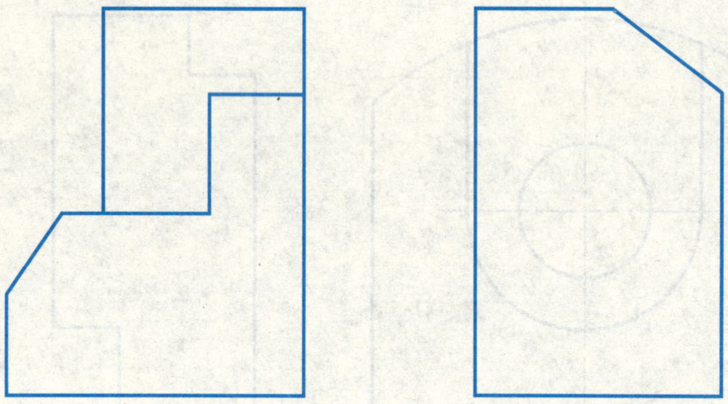

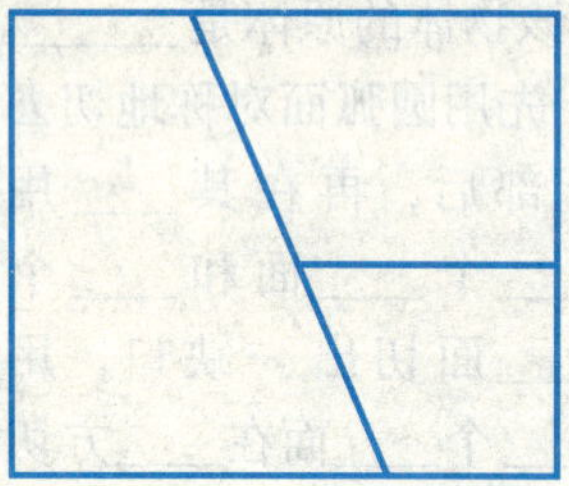

该物体的原体是＿＿＿＿＿。它的切割方法是先用＿＿个＿＿面切去前、上部分，再用＿＿个＿＿面和＿＿个＿＿面切去左、上部分，最后用＿＿个＿＿面在左端切一缺口。（想想看，你能确定各切面的相对位置吗？）

6(2)－2－B(2)　分析物体的切割情况，填空再补所缺图线。

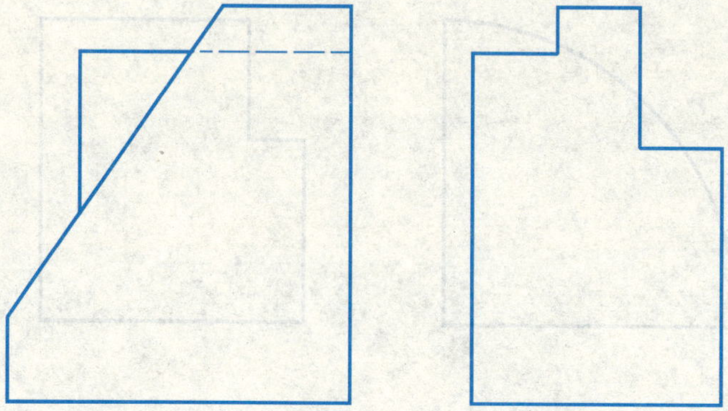

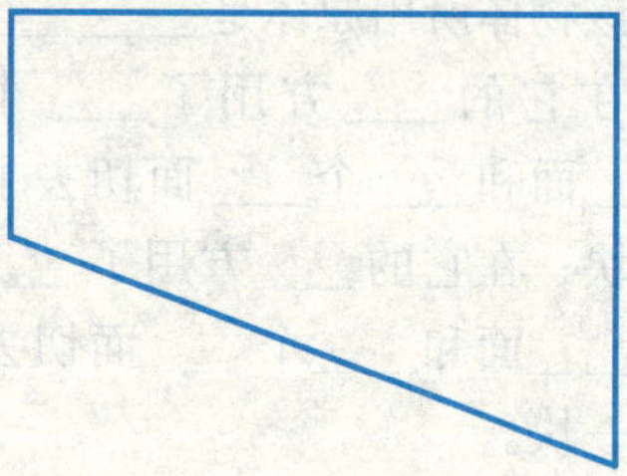

该物体的原体是＿＿＿＿＿。

它的切割方法是先用＿＿个＿＿面和＿＿个＿＿面切出后上的缺口，再用＿＿个＿＿面和＿＿个＿＿面切出前上的缺口，然后用＿＿个＿＿面切去左前部分，最后用＿＿个＿＿面、＿＿个＿＿面和＿＿个＿＿面切去左上部分。

6(2)-2-B(3)　分析物体的切割情况，填空再补所缺视图。

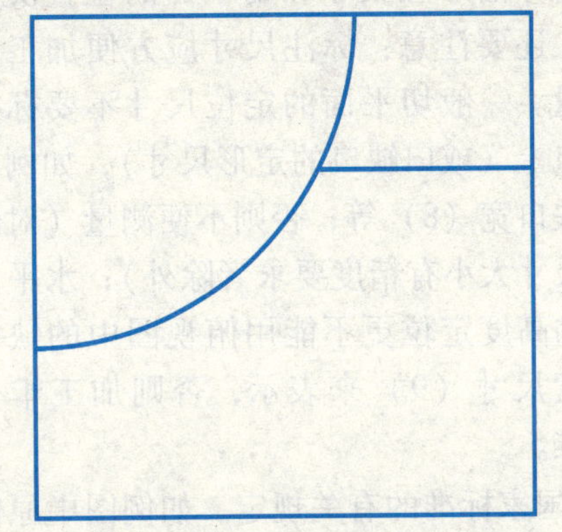

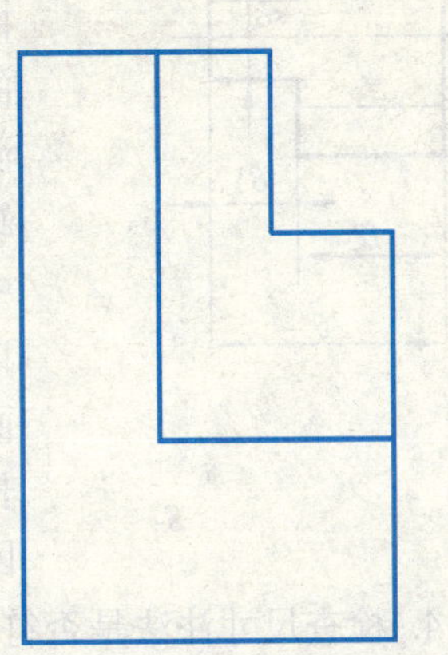

该物体的原体是______________。

它用了____个____垂的____面和____个____面切去左上前部分，再用____个____面和____个____面切出前上的缺口。

6(2)-2-B(4)　分析物体的切割情况，填空再补所缺视图。

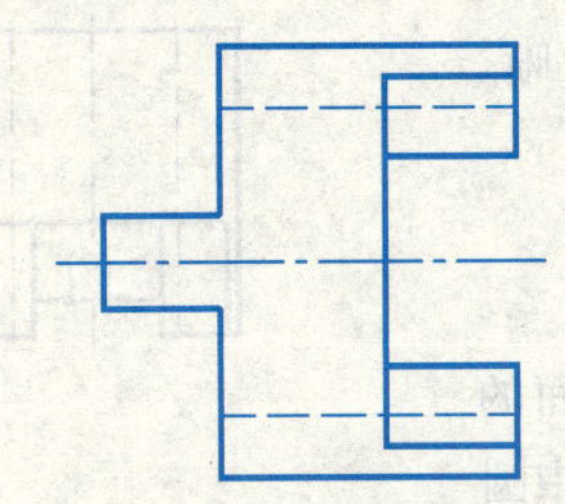

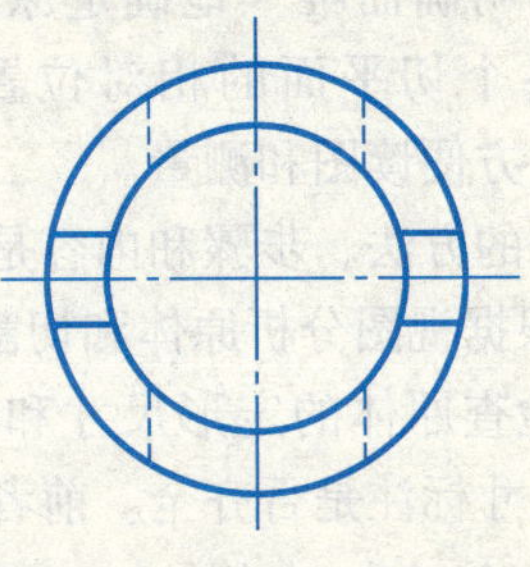

该物体的原体是______________。

它用了____个____面和____个____面在____端____对称切出两个缺口，再用了____个____面和____个____面在____端____对称切出两个缺口。

6-3 切割体的尺寸标注

练习：在三视图上给切割体标注尺寸

6-3-1 学会检查切割体尺寸标注的知识

尺寸标注是零件设计的重要环节。尺寸标错，会使零件报废；尺寸不全，会延误工期；标注不合理，会使加工困难。

切割体尺寸标注检查的标准是：所标尺寸应明确而唯一地确定原体的形状大小和各个切平面的相对位置，且清晰、合理、方便读图和测量。

检查的方法、步骤和内容是：

1. 根据视图分析原体和切割的情况。

2. 检查原体的定形尺寸和各切平面的定位尺寸标注是否齐全。前者如例图中圆筒的外径 ϕ20、内径 ϕ11、高 20；后者如例图中水平切面的高度定位 8 和正平切面的宽度定位 12，均不可少。

3. 检查标注是否合理。这里要特别注意：不能标截交线的定形尺寸。如例图中俯视图前端两个矩形线框的长、宽尺寸不能标出，因为它们是由原体的形状大小和切平面的位置决定的。还要注意：标注尺寸应方便加工和测量。一般切平面的定位尺寸不要标在缺口上（或曰缺口的定形尺寸），如例图中缺口宽（8）等；否则不便测量（对缺口尺寸大小有精度要求者除外）；水平切面的高度定位更不能用俯视图中的缺口长度尺寸（9）来表示，否则加工十分困难。

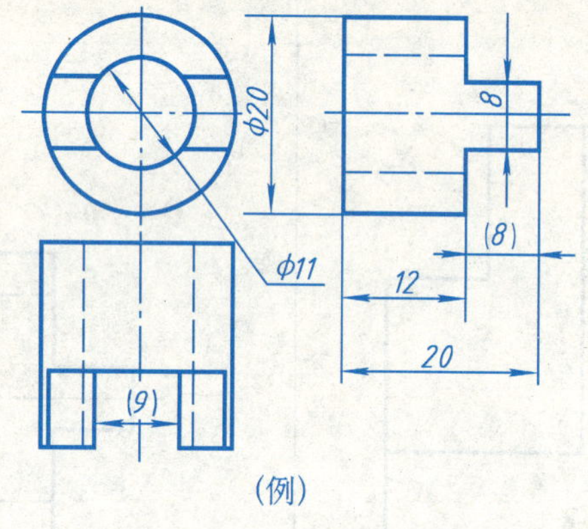

(例)

4. 检查尺寸注法是否符合国家标准的有关规定。如例图中原体圆筒的外径不应在圆的视图上标出，而内径又不得在虚线的非圆视图上标出，等等。

5. 检查尺寸数字是否正确。

6－3－2　补出图中所缺尺寸（尺寸大小按 1∶1 从图中量取，圆整至 mm）

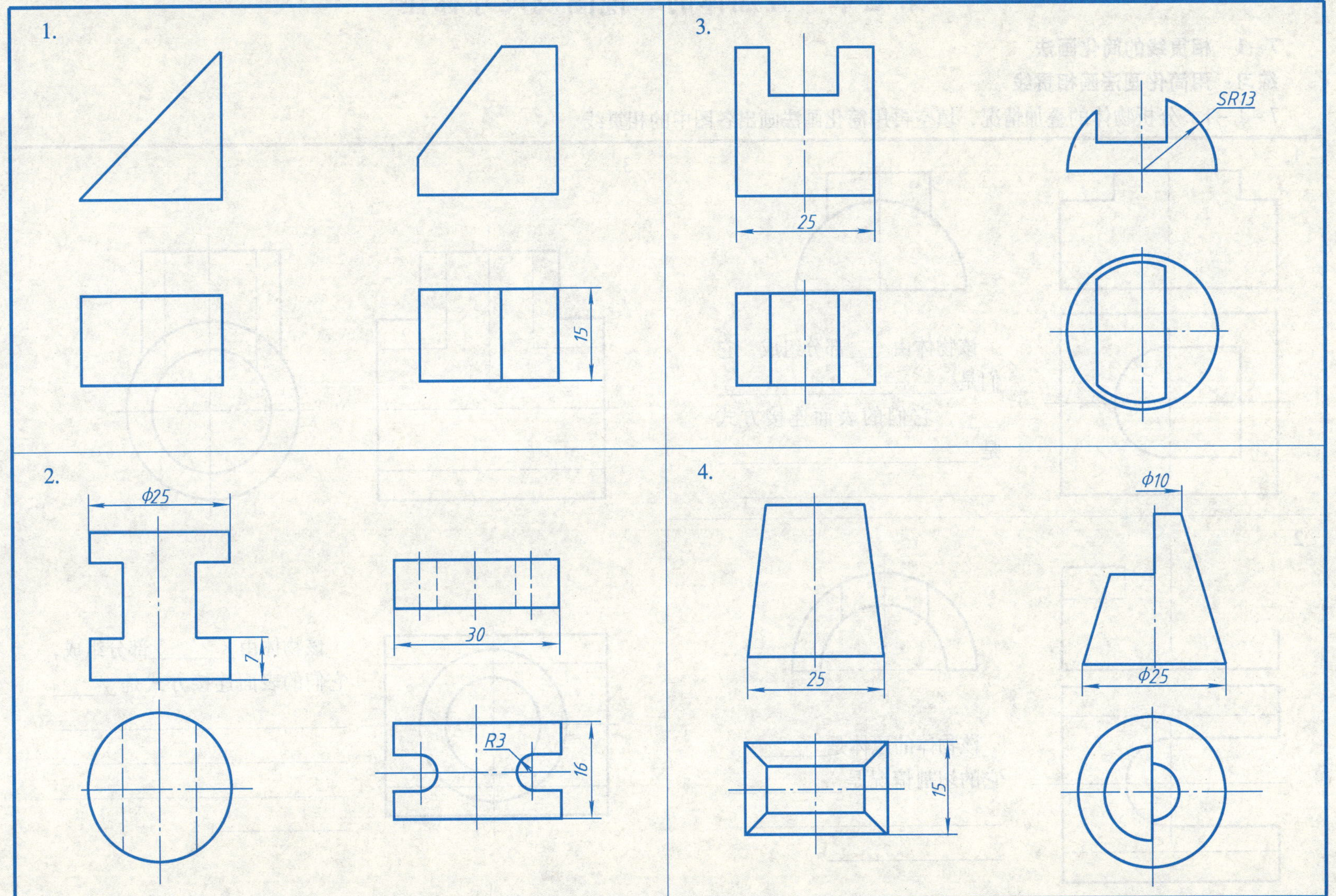

第七章　叠加体的三视图及尺寸标注

7-1　相贯线的简化画法

练习：用简化画法画相贯线

7-1-1　分析物体的叠加情况，填空再用简化画法画出各图中的相贯线

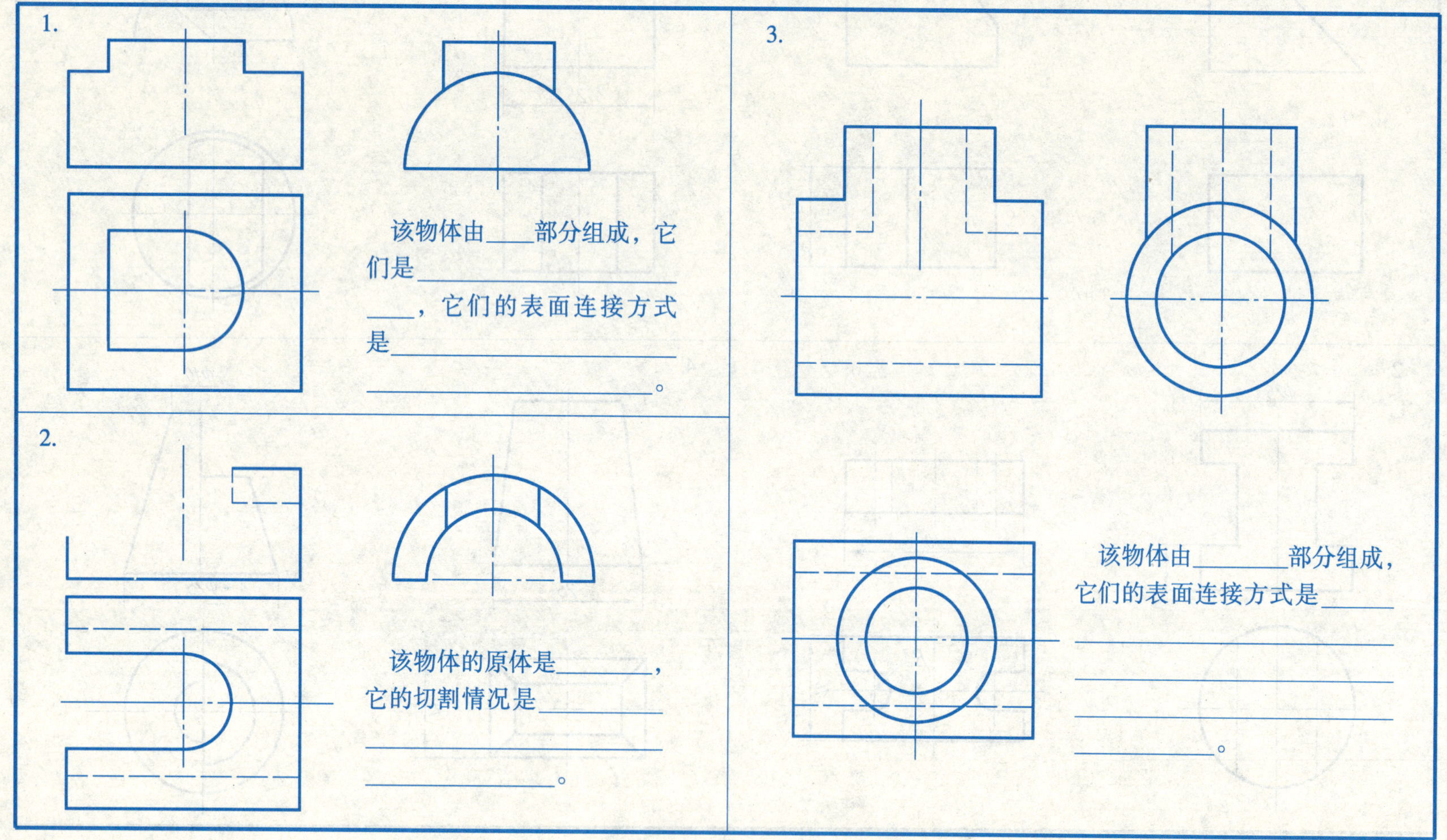

7－1－2　分析物体的叠加情况，填空再用简化画法画出各图中的相贯线（续）

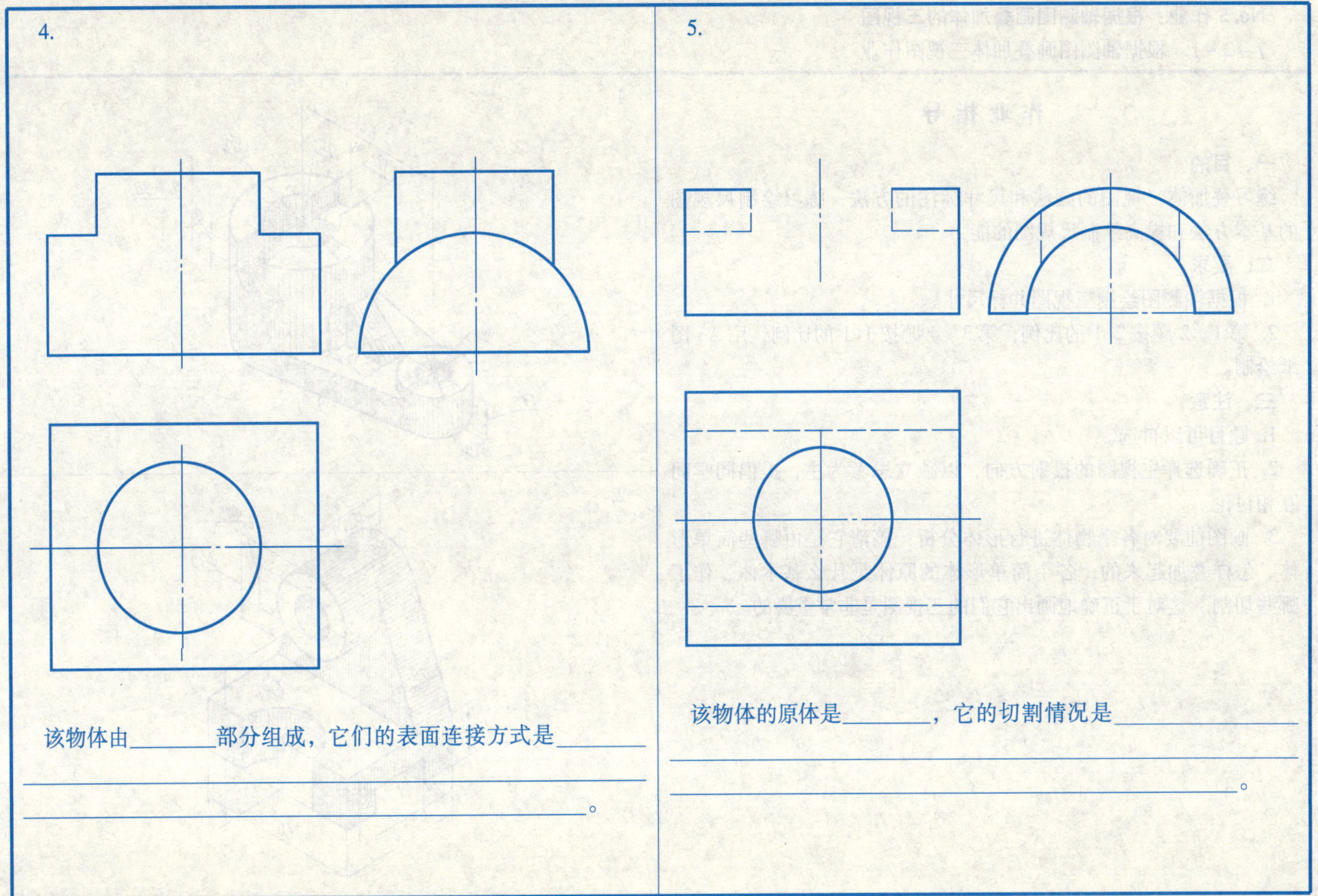

4. 该物体由________部分组成，它们的表面连接方式是________
____
____。

5. 该物体的原体是________，它的切割情况是________________
____
____。

7－2 画叠加体的三视图

No. 5 作业：根据轴测图画叠加体的三视图

7－2－1 根据轴测图画叠加体三视图作业

作 业 指 导

一、目的

练习叠加体三视图的画法和尺寸标注的方法；练习绘制尺规图的基本方法和提高绘制尺规图的能力。

二、要求

1. 根据轴测图绘制三视图并标尺寸。

2. 第1、2题按2:1的比例，第3、4题按1:1的比例，用A3图纸绘制。

三、注意

1. 题目可以自选。

2. 正确选择主视图的投射方向，以独立思考为主，提倡同学间互相讨论。

3. 画图前要对各个物体进行形体分析：搞清它是由哪些简单形体、怎样叠加起来的；各个简单形体的原体是什么基本体、作了哪些切割。这对于正确地画出它们的三视图是非常重要的。

1.

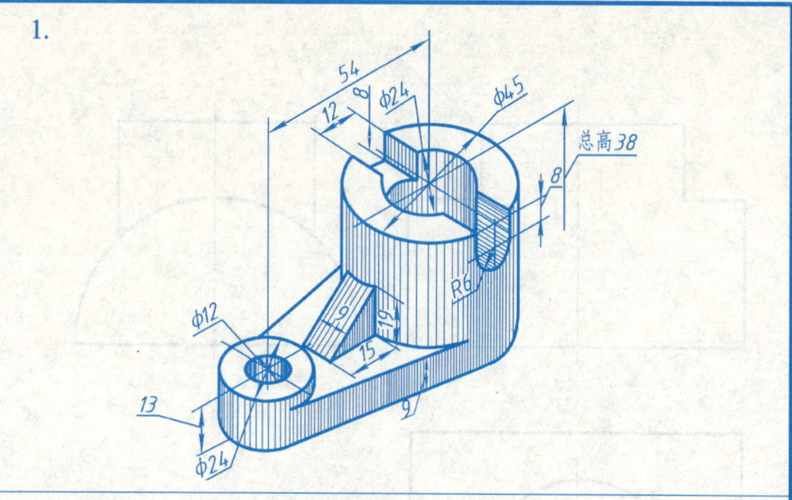

2.

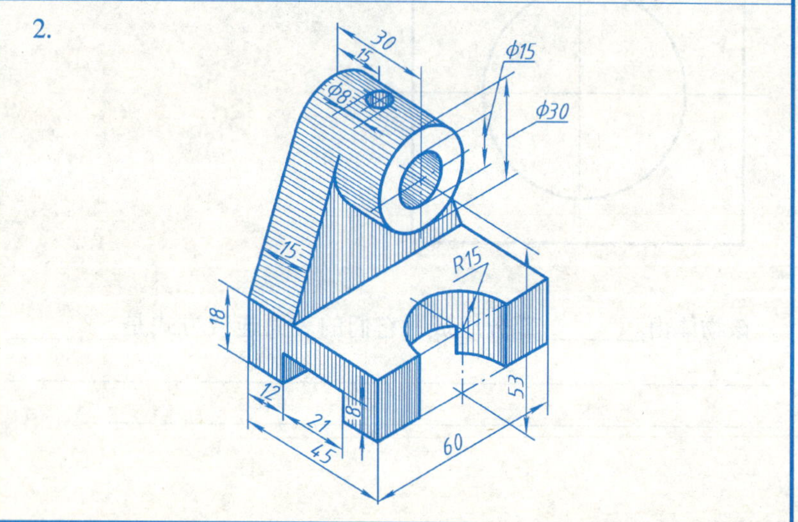

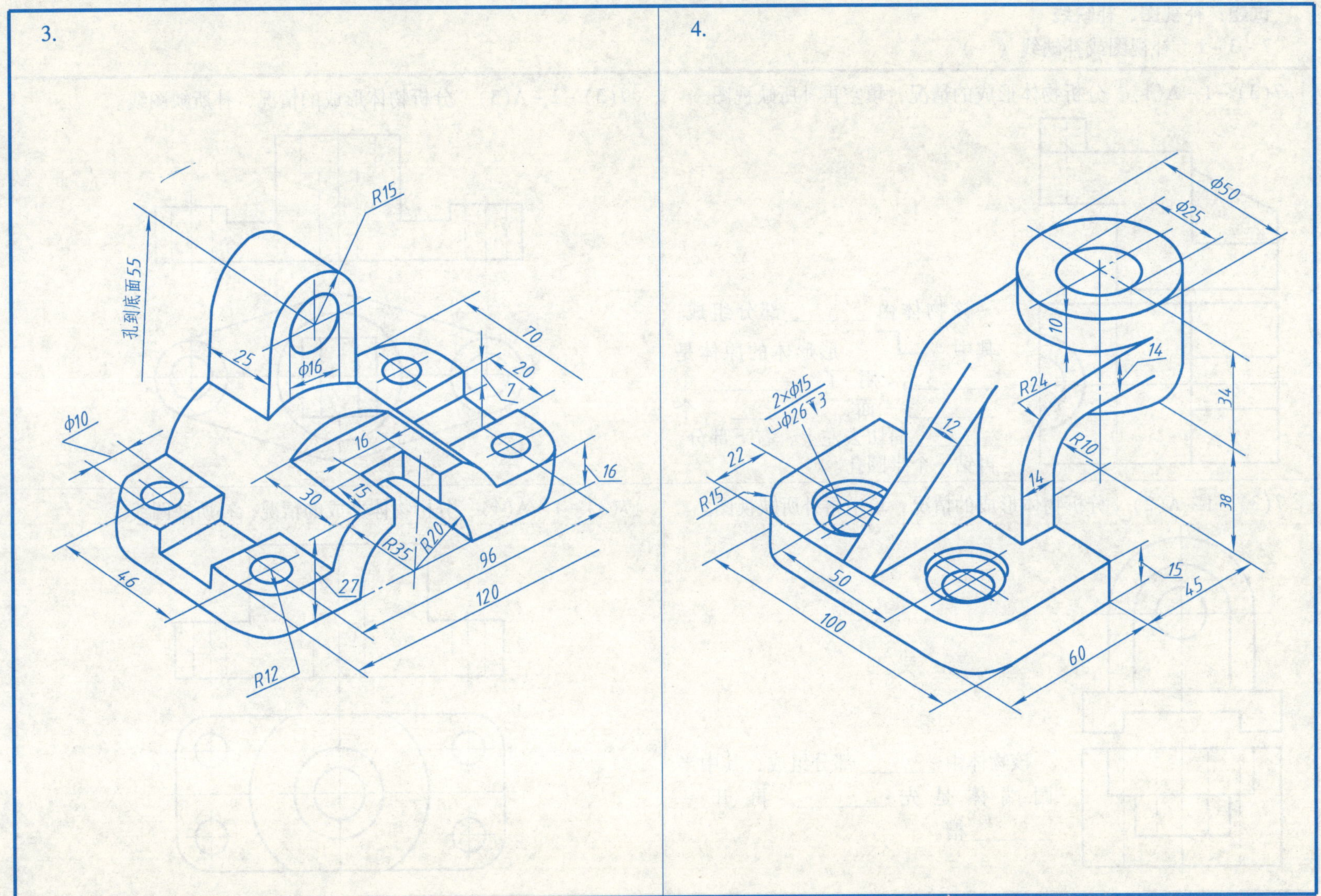
3.
R15
孔到底面55
70
25
ϕ16
20
7
ϕ10
16
16
30
15
R35
R20
96
46
27
120
R12
4.
ϕ50
ϕ25
10
14
R24
34
2×ϕ15
⌴ϕ26↧3
12
22
R10
R15
14
38
15
50
45
100
60

7-3 读叠加体的三视图

试题：补视图、补缺线

7-3-1 补视图或补缺线（一）

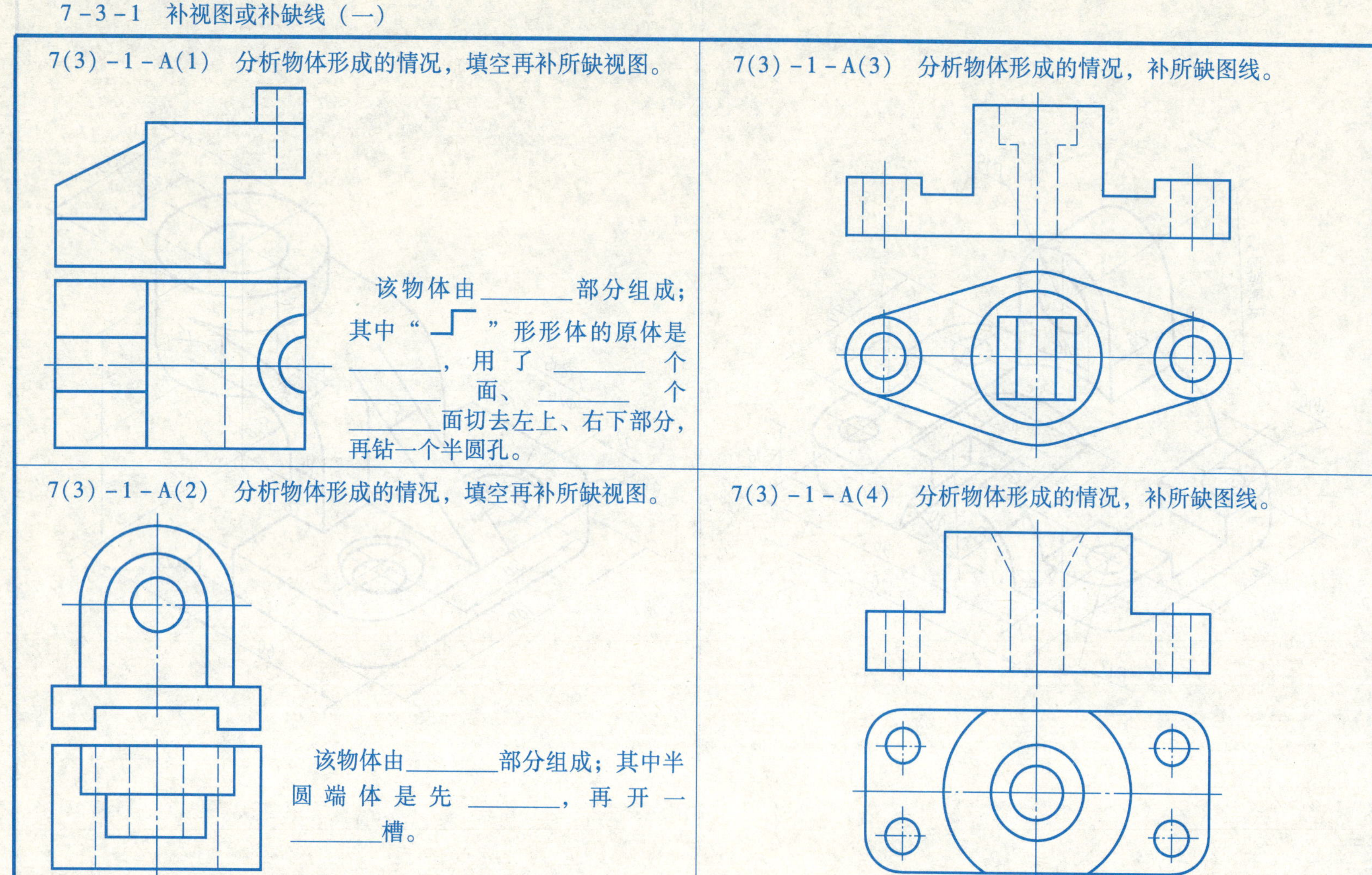

7(3)-1-B(1) 分析物体形成的情况，填空再补所缺视图。

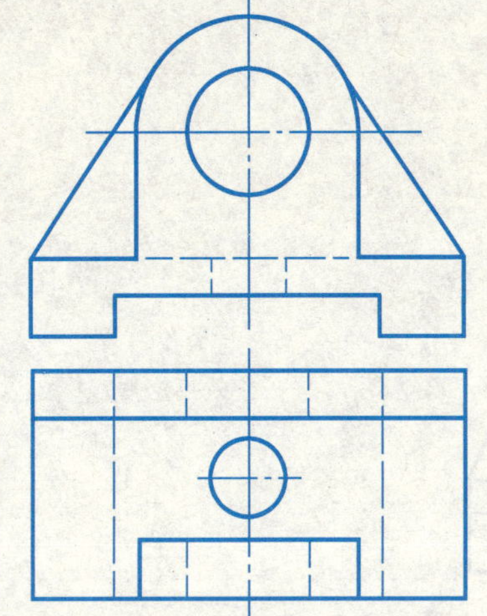

该物体由____部分组成；其中前面是一个____的板，后面是一个三角形状的____顶板；它们都钻了一个____相等的孔。

7(3)-1-B(3) 分析物体形成的情况，填空再补所缺图线。

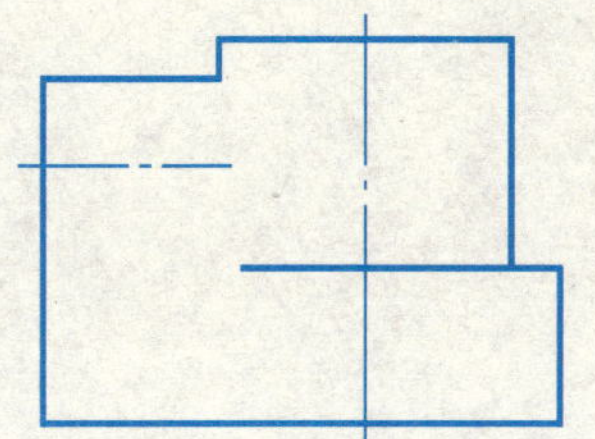

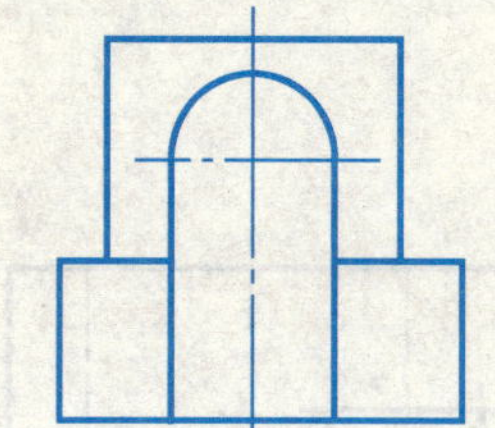

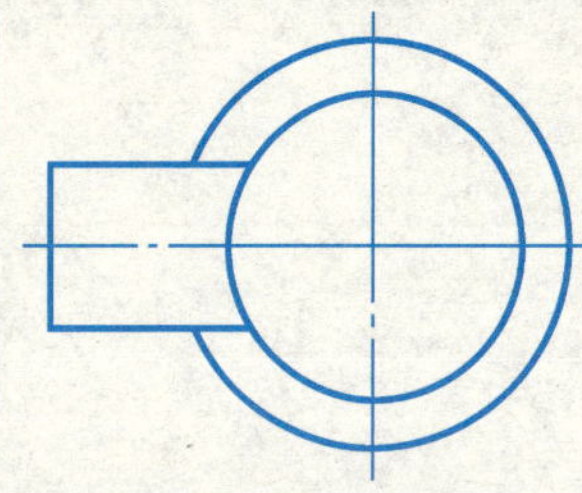

该物体由____部分组成；右边上、下为两个____，左边为一个____板，它的前后两平面与____的表面的交线为____线，上部的半圆柱面与上面的圆柱表面的交线为________线。

7(3)-1-B(2) 分析物体形成的情况，填空再补所缺视图。

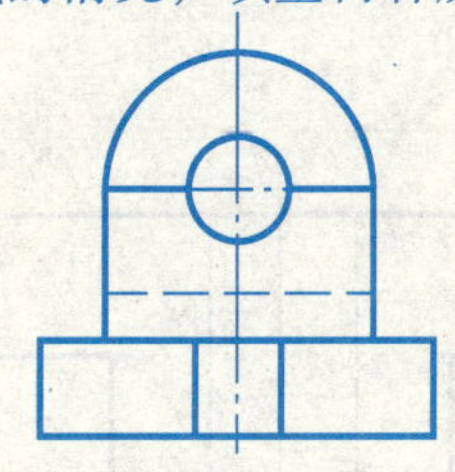

该物体由____部分组成；其中中间部分的原体是____体，先钻了一个____通孔，再开一个____通槽，左端切去孔心以上部分，右端制成半圆端。

7(3)-1-B(4) 分析物体形成的情况，填空再补所缺图线。

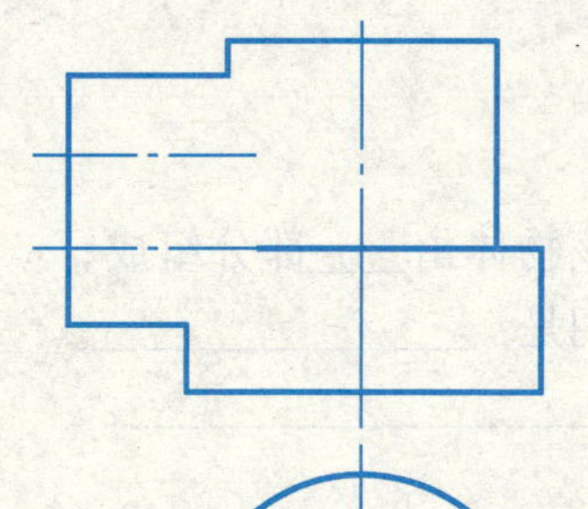

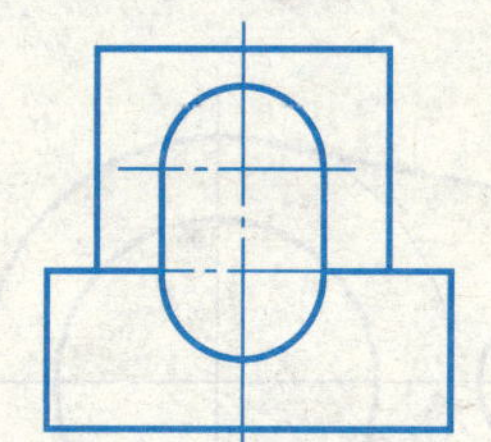

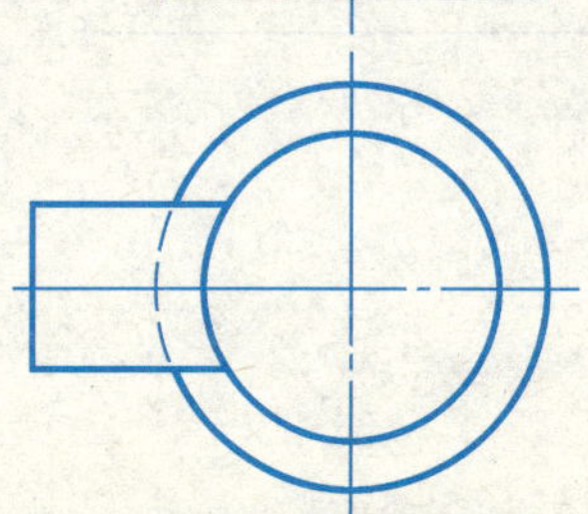

该物体由____部分组成；右边上、下为两个____，左边为一个____板，其前后两平面与右边物体表面的交线为____线，上、下圆柱面与右边物体的交线为________线。

7-3-3 补视图或补缺线（三）

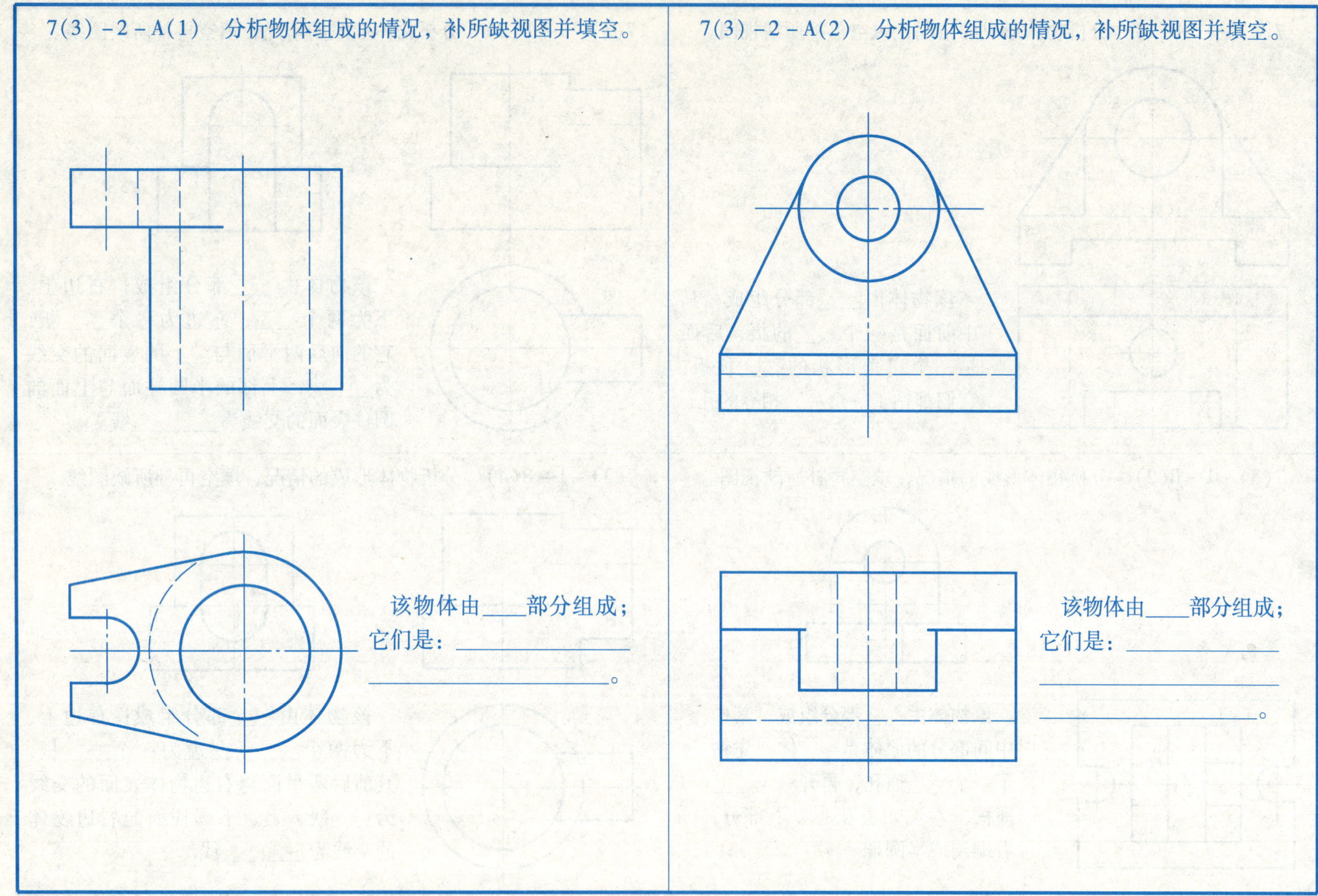

7(3)-2-A(1) 分析物体组成的情况，补所缺视图并填空。

该物体由____部分组成；
它们是：______________
______________。

7(3)-2-A(2) 分析物体组成的情况，补所缺视图并填空。

该物体由____部分组成；
它们是：______________
____
______________。

7(3)-2-A(3) 分析物体组成的情况，补所缺视图并填空。

该物体由____部分组成；它们是：____；

补画左视图时，要注意圆孔与圆筒内外表面______线的画法。

7(3)-2-A(4) 分析物体组成的情况，补所缺视图并填空。

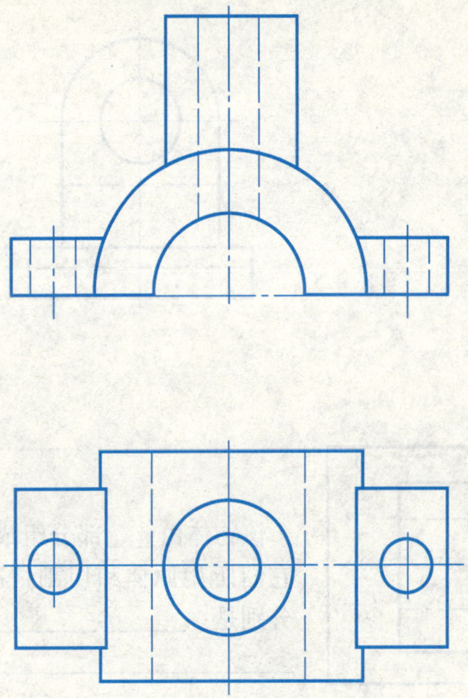

该物体由____部分组成；它们是：____________________________；

补画左视图时，要注意_____与_____外表和____与____内表相贯线的画法。

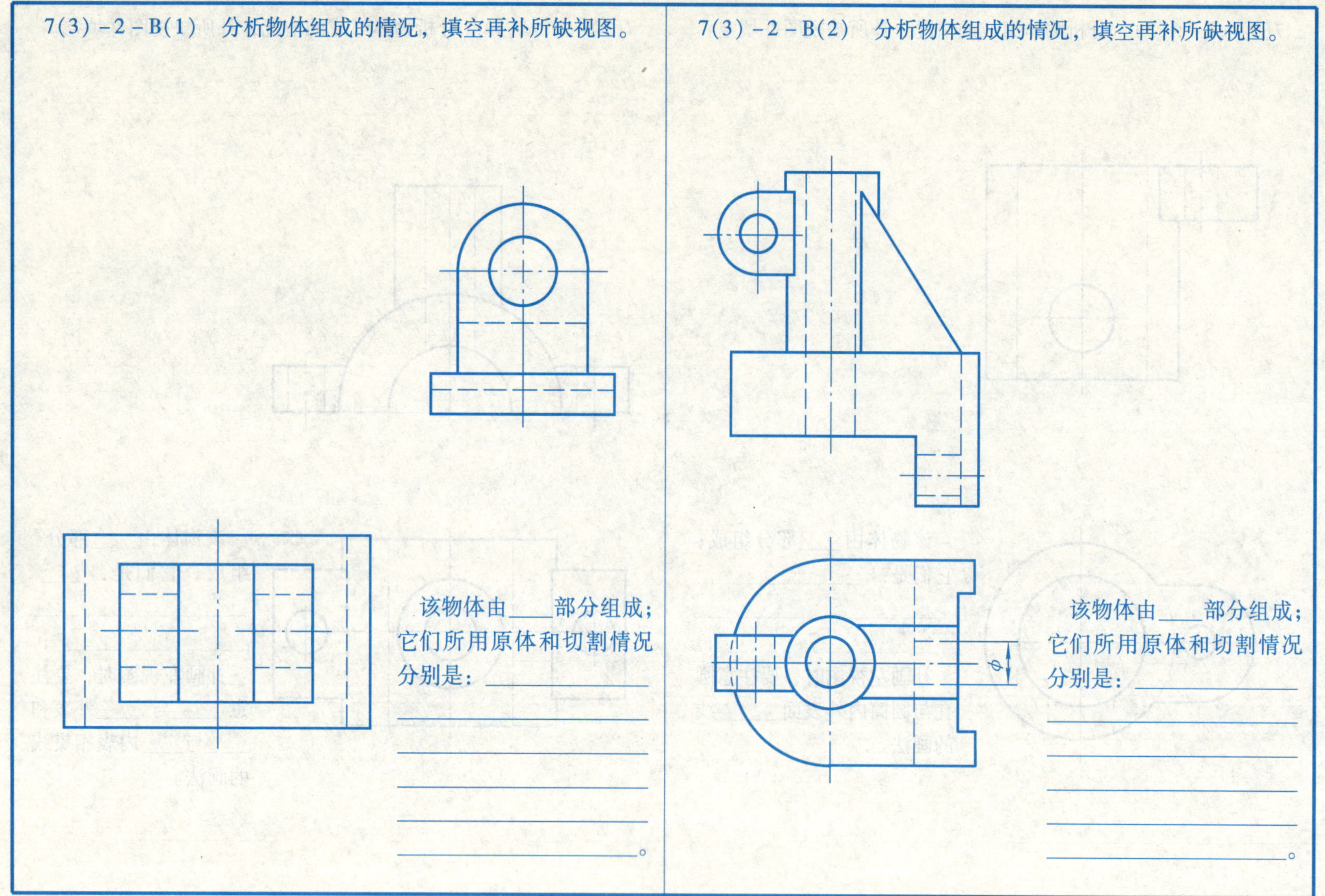

7(3)-2-B(1)　分析物体组成的情况，填空再补所缺视图。

该物体由____部分组成；它们所用原体和切割情况分别是：____。

7(3)-2-B(2)　分析物体组成的情况，填空再补所缺视图。

该物体由____部分组成；它们所用原体和切割情况分别是：____。

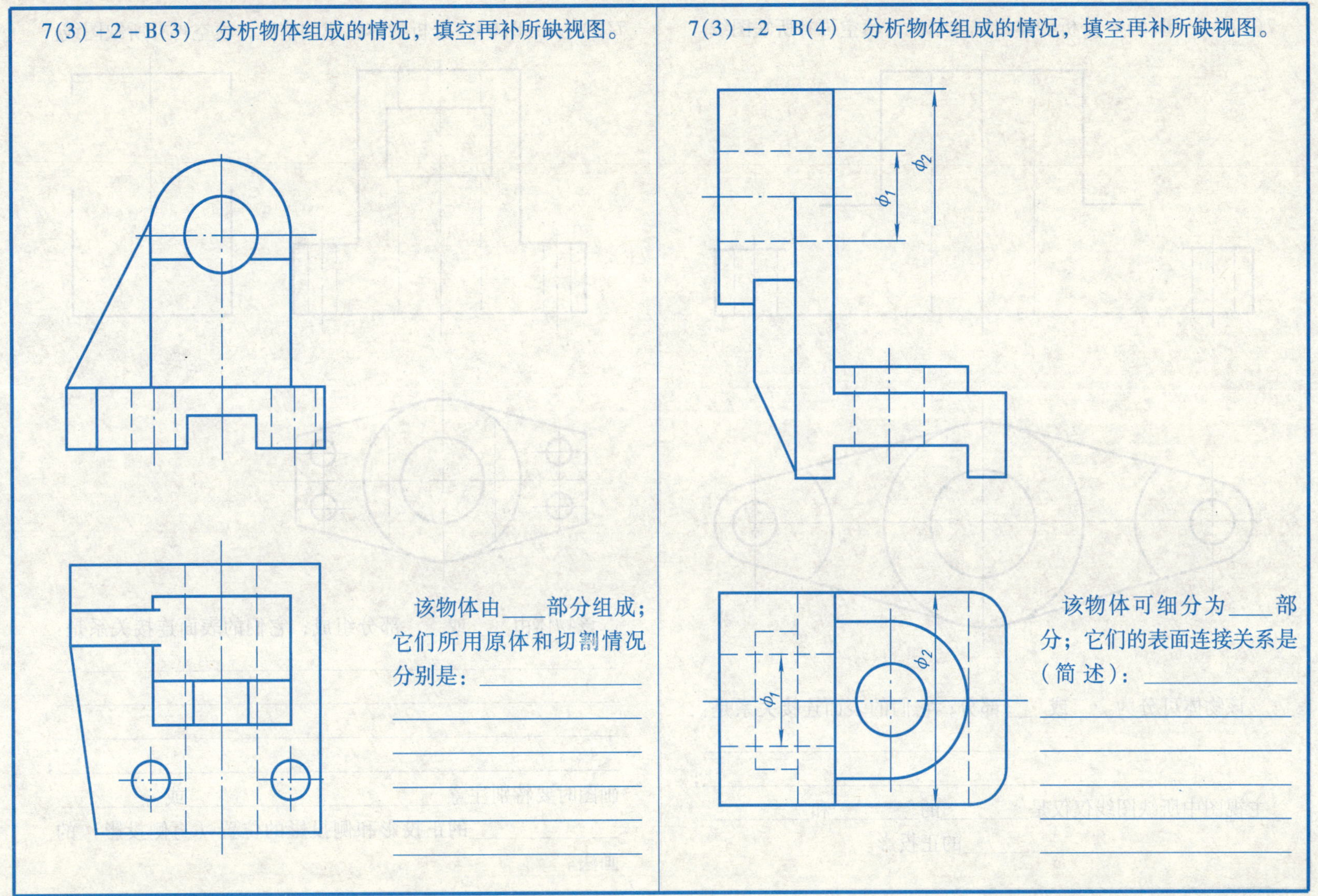
7(3)－2－B(3)　分析物体组成的情况，填空再补所缺视图。
该物体由____部分组成；它们所用原体和切割情况分别是：____
7(3)－2－B(4)　分析物体组成的情况，填空再补所缺视图。
φ1
φ2
该物体可细分为____部分；它们的表面连接关系是（简述）：____

7-3-7 补视图或补缺线（四）（续）

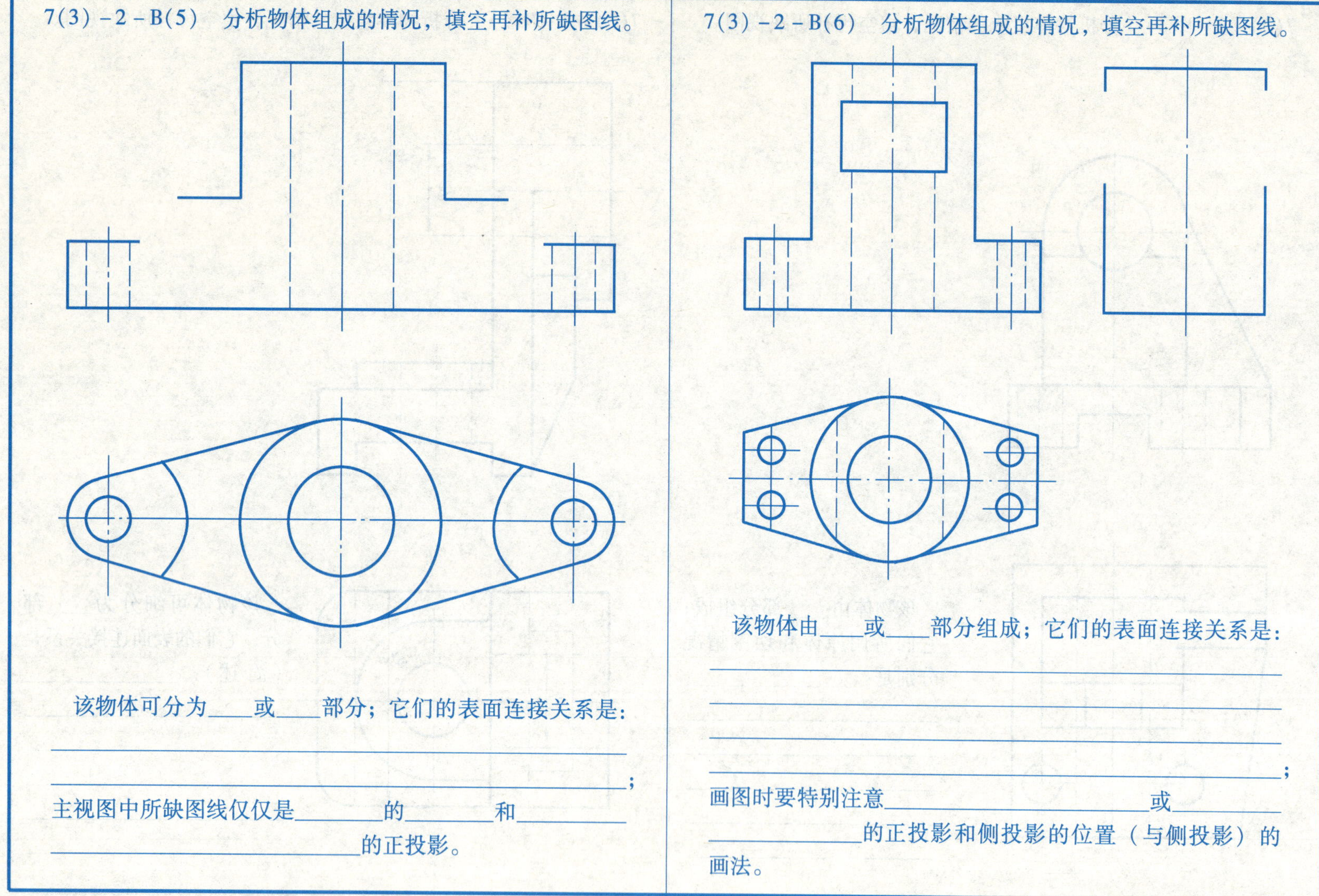

7(3)-2-B(5) 分析物体组成的情况，填空再补所缺图线。

该物体可分为____或____部分；它们的表面连接关系是：

____

____；

主视图中所缺图线仅仅是________的________和__________

__________________________的正投影。

7(3)-2-B(6) 分析物体组成的情况，填空再补所缺图线。

该物体由____或____部分组成；它们的表面连接关系是：

____

____

____

____；

画图时要特别注意______________________或__________

______________的正投影和侧投影的位置（与侧投影）的画法。

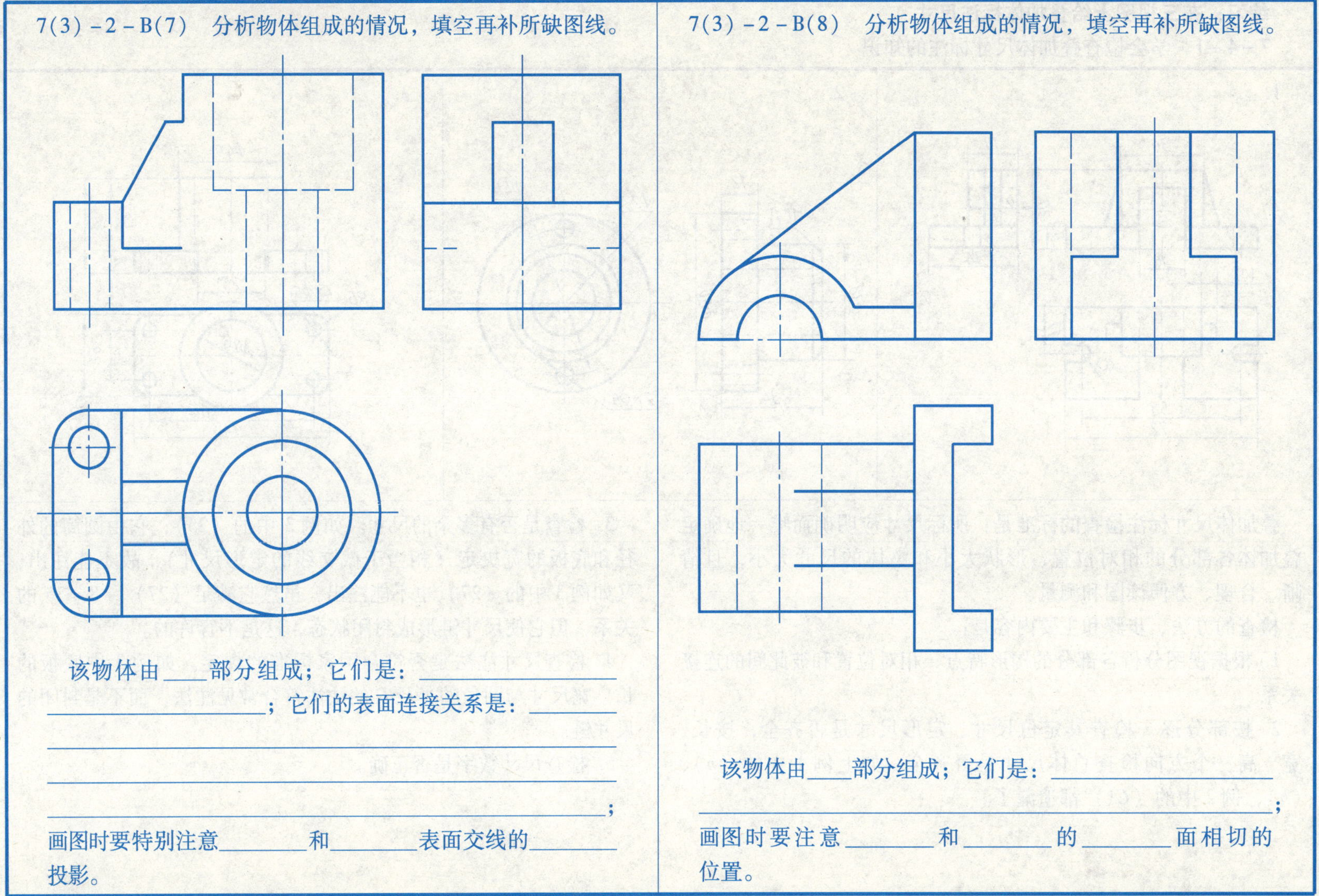

7(3)－2－B(7)　分析物体组成的情况，填空再补所缺图线。

该物体由____部分组成；它们是：________________
________________；它们的表面连接关系是：________
____
____
____；
画图时要特别注意________和________表面交线的________投影。

7(3)－2－B(8)　分析物体组成的情况，填空再补所缺图线。

该物体由____部分组成；它们是：________________
____；
画图时要注意________和________的________面相切的位置。

7-4 叠加体的尺寸标注

练习：在三视图上给叠加体标注尺寸

7-4-1 学会检查叠加体尺寸标注的知识

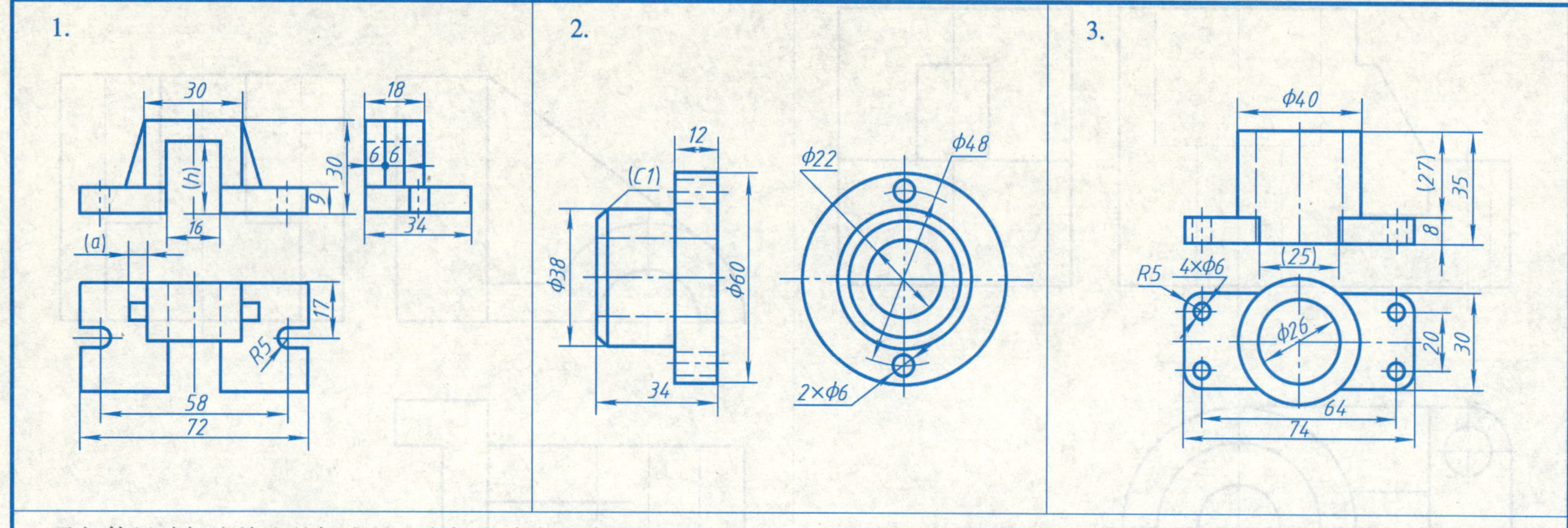

叠加体尺寸标注检查的标准是：所标尺寸应明确而唯一地确定叠加体各部分的相对位置、形状大小和整体的尺寸大小，且清晰、合理、方便读图和测量。

检查的方法、步骤和主要内容是：

1. 根据视图分析各部分的构形特点、相对位置和彼此间的连接关系。

2. 按部分逐一检查其定位尺寸、定形尺寸是否齐全，按长、宽、高三个方向检查总体尺寸是否齐全。如上例 1 中的（*a*）、（*h*），例 2 中的（*C*1）都遗漏了。

3. 检查是否有多余的尺寸。如例 3 中的（25），它由圆筒的外径和底板的宽决定（相当于截交线的定形尺寸），故不能注出；又如例 3 中的（27）也不能注出，虽然它满足（27）+8=35 的关系，但它使尺寸链形成封闭状态，这是不容许的。

4. 检查尺寸注法是否符合国家标准的规定。如例 3 中底板的长、宽尺寸与圆角的半径 *R* 的注法符合常见注法，而不是封闭的尺寸链。

5. 检查尺寸数字是否正确。

7-4-2　检查下列各图尺寸标注是否符合要求，遗漏的补上（不注数字）、多余的叉去（打×），错误的改正

7 -4 -3　给叠加体标注尺寸（尺寸大小按 1:1 在图中量取，并圆整至 mm）（一）

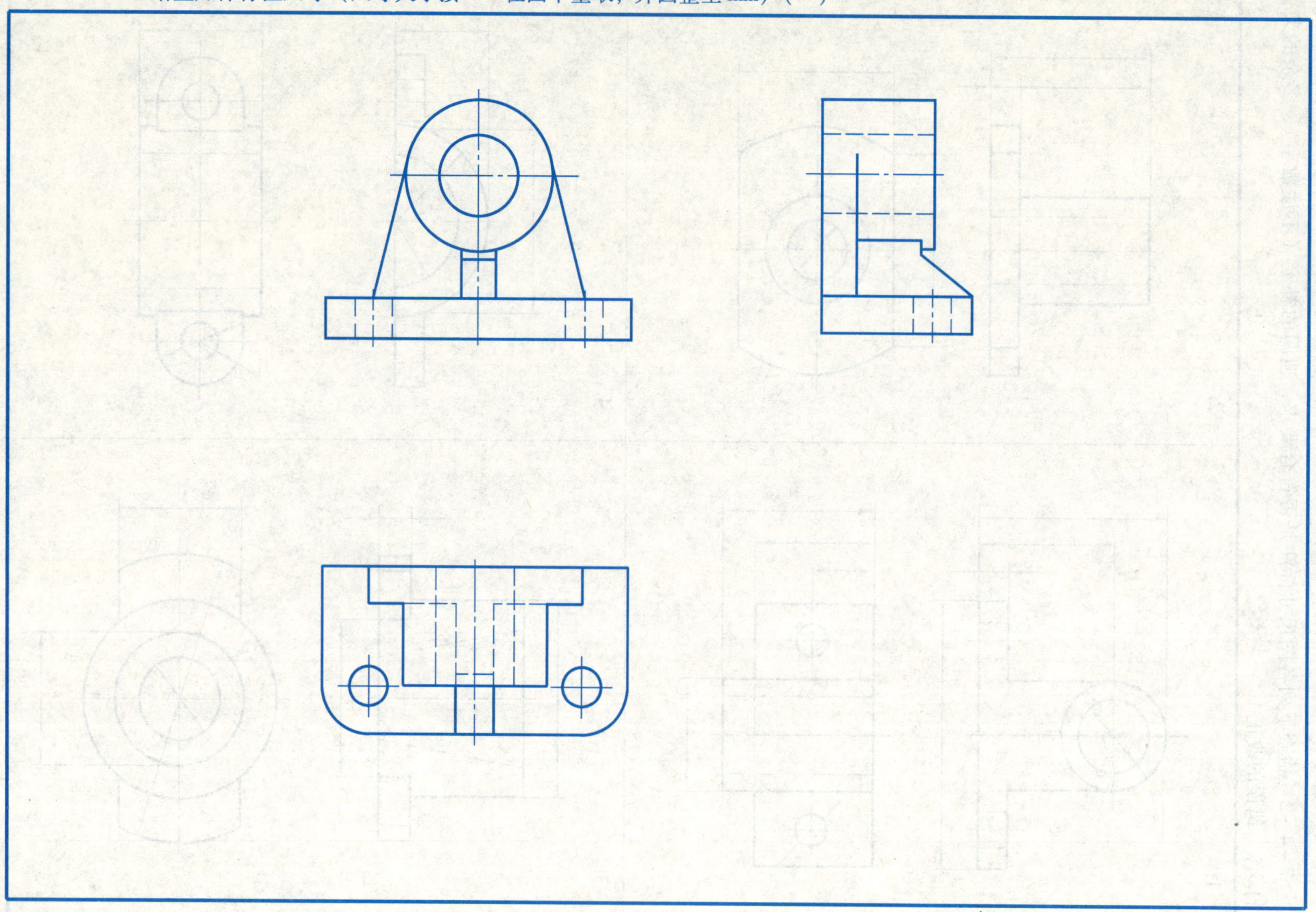

7-4-4 给叠加体标注尺寸（尺寸大小按 1∶1 在图中量取，并圆整至 mm）（二）

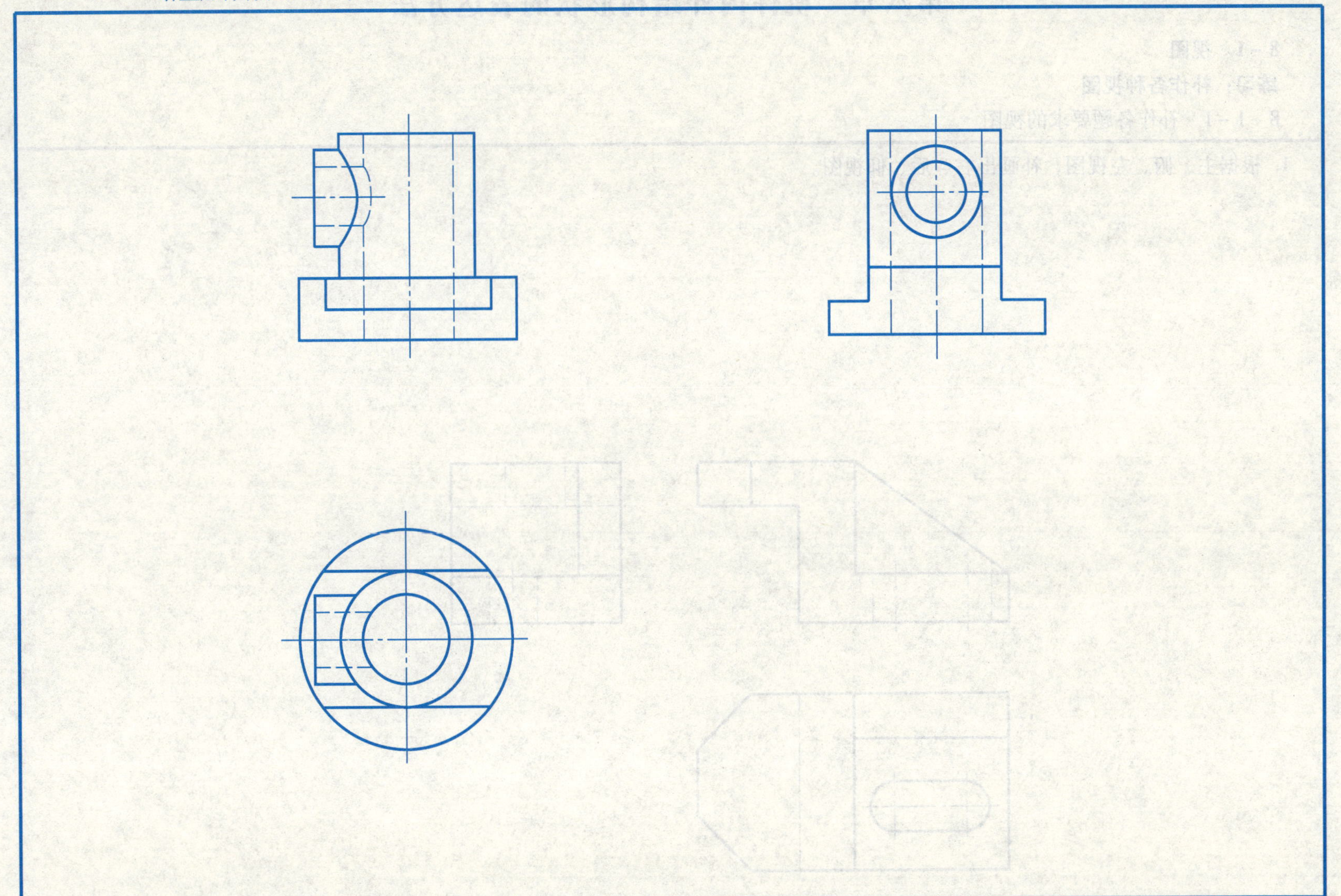

第八章 机件内外结构形状的表达方法

8-1 视图

练习：补作各种视图

8-1-1 补作各题要求的视图

1. 根据主、俯、左视图，补画出右、后、仰视图。

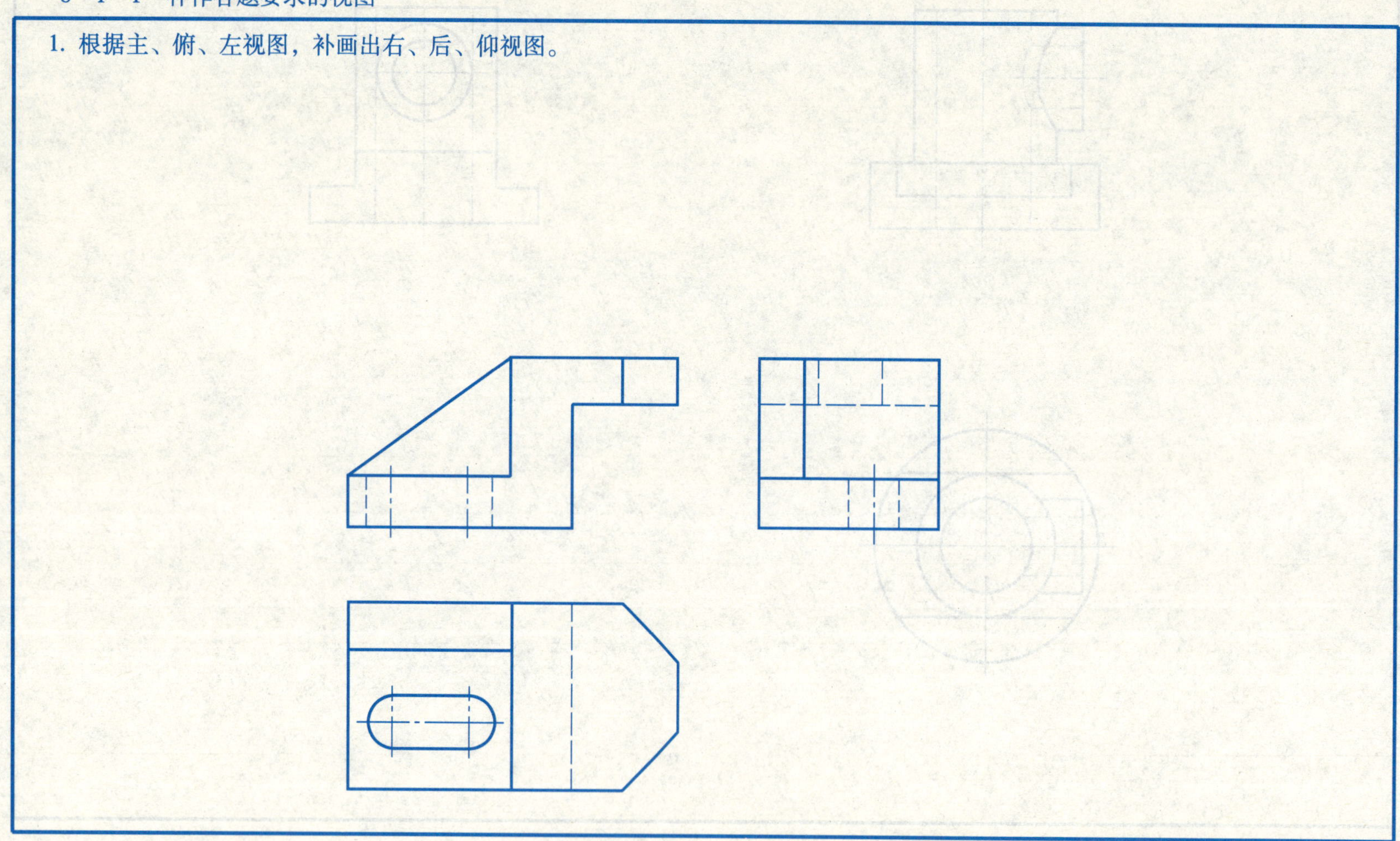

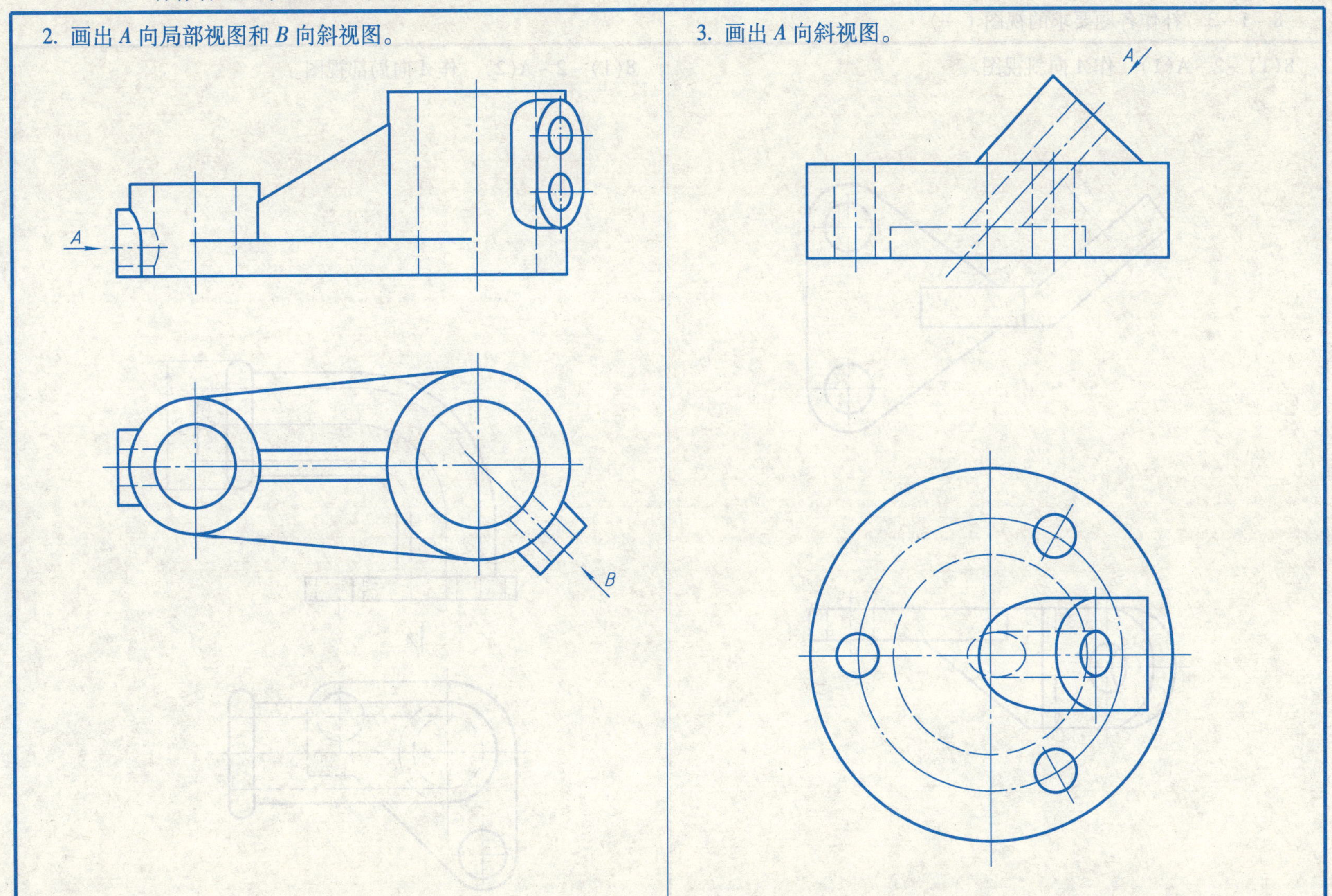
2. 画出 A 向局部视图和 B 向斜视图。
A
B
3. 画出 A 向斜视图。
A

8－1－3　补作各题要求的视图（一）

8(1)－2－A(1)　作 *A* 向斜视图。

8(1)－2－A(2)　作 *A* 向局部视图。

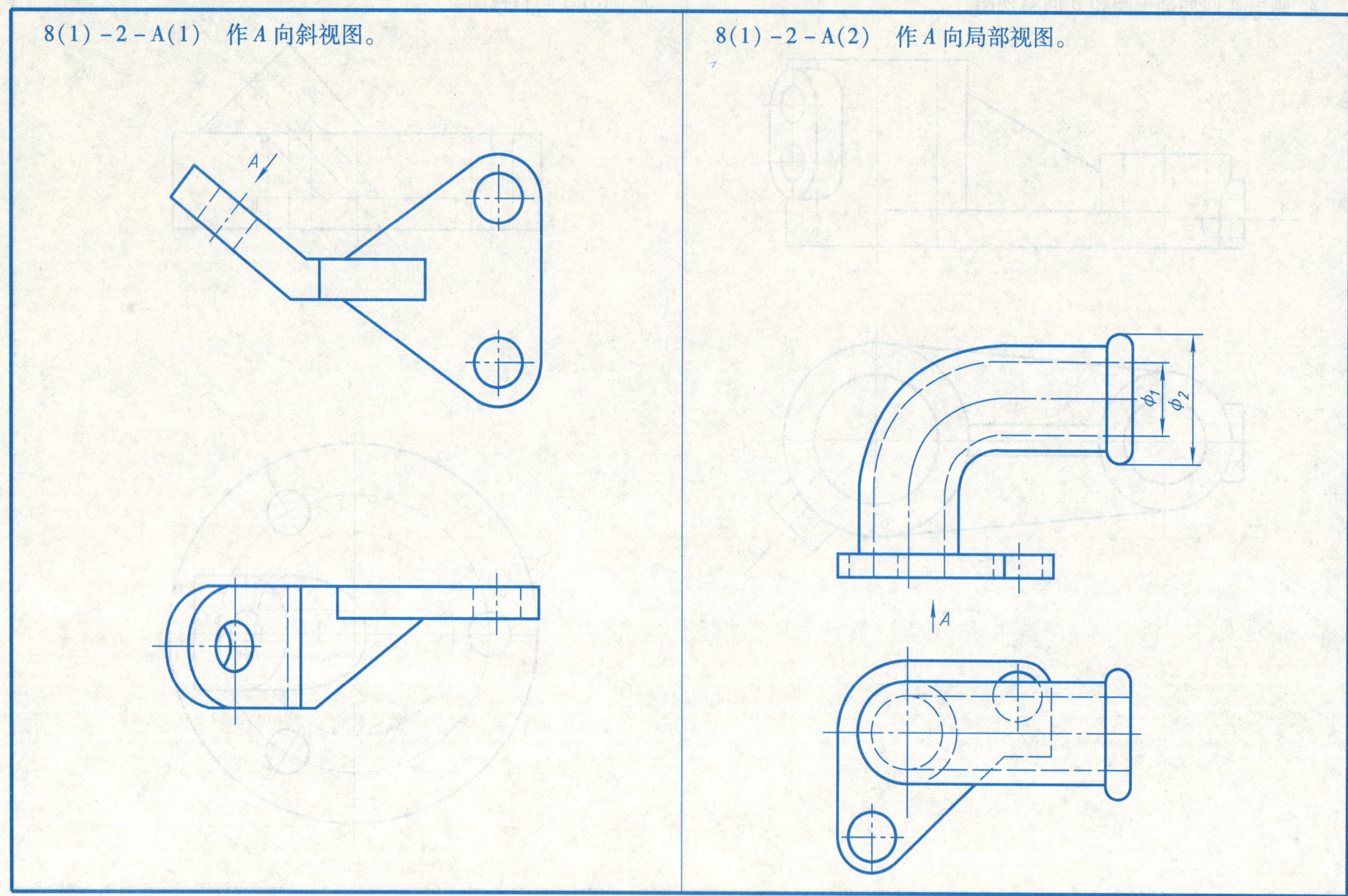

8(1)-2-A(3) 作出旋转视图。

8(1)-2-A(4) 根据主、俯、左视图，补画出右视图，并标注。

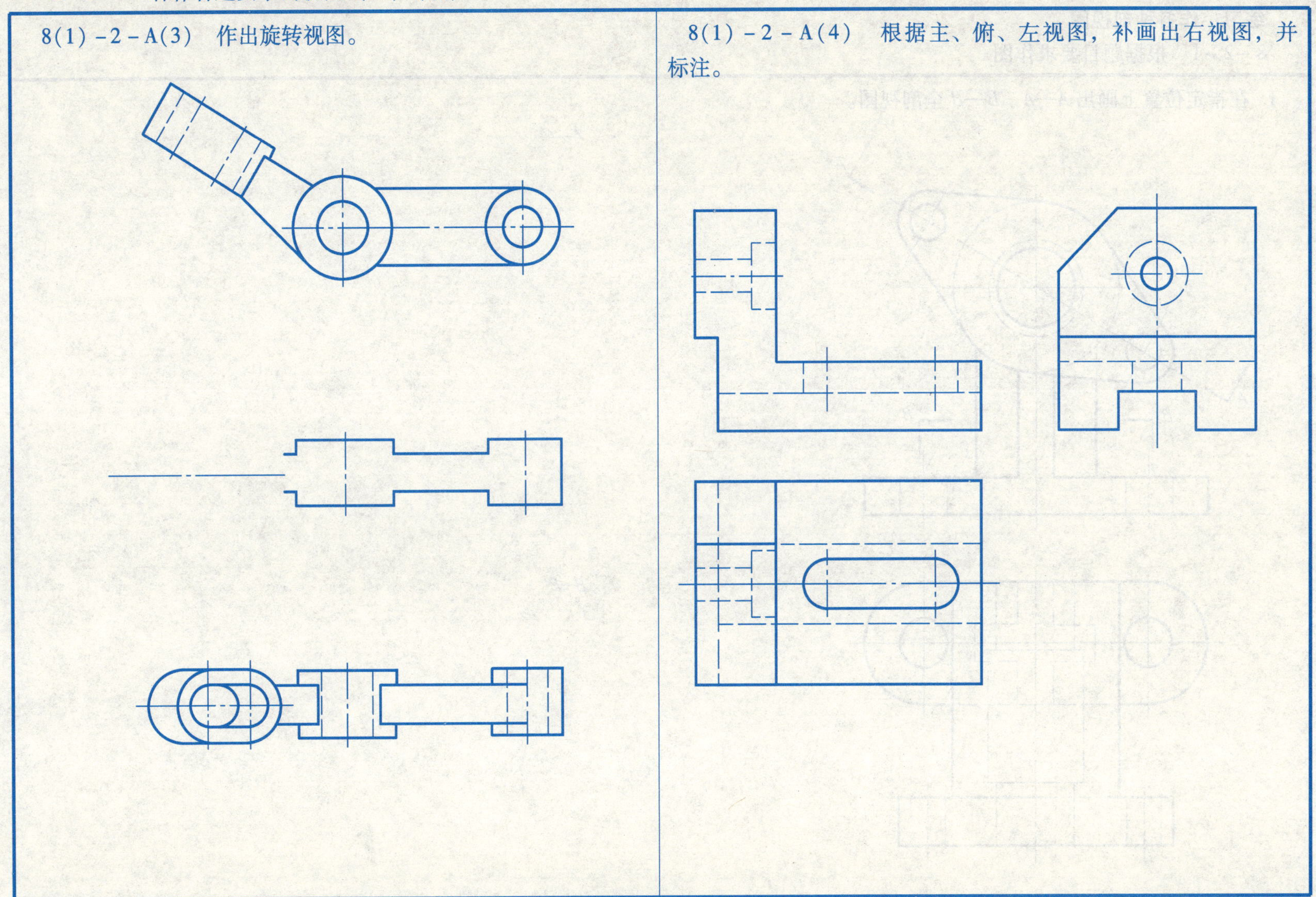

8-2 剖视图

练习：作各种剖视图

8-2-1 根据题目要求作图

1. 在指定位置上画出 *A—A*、*B—B* 全剖视图。

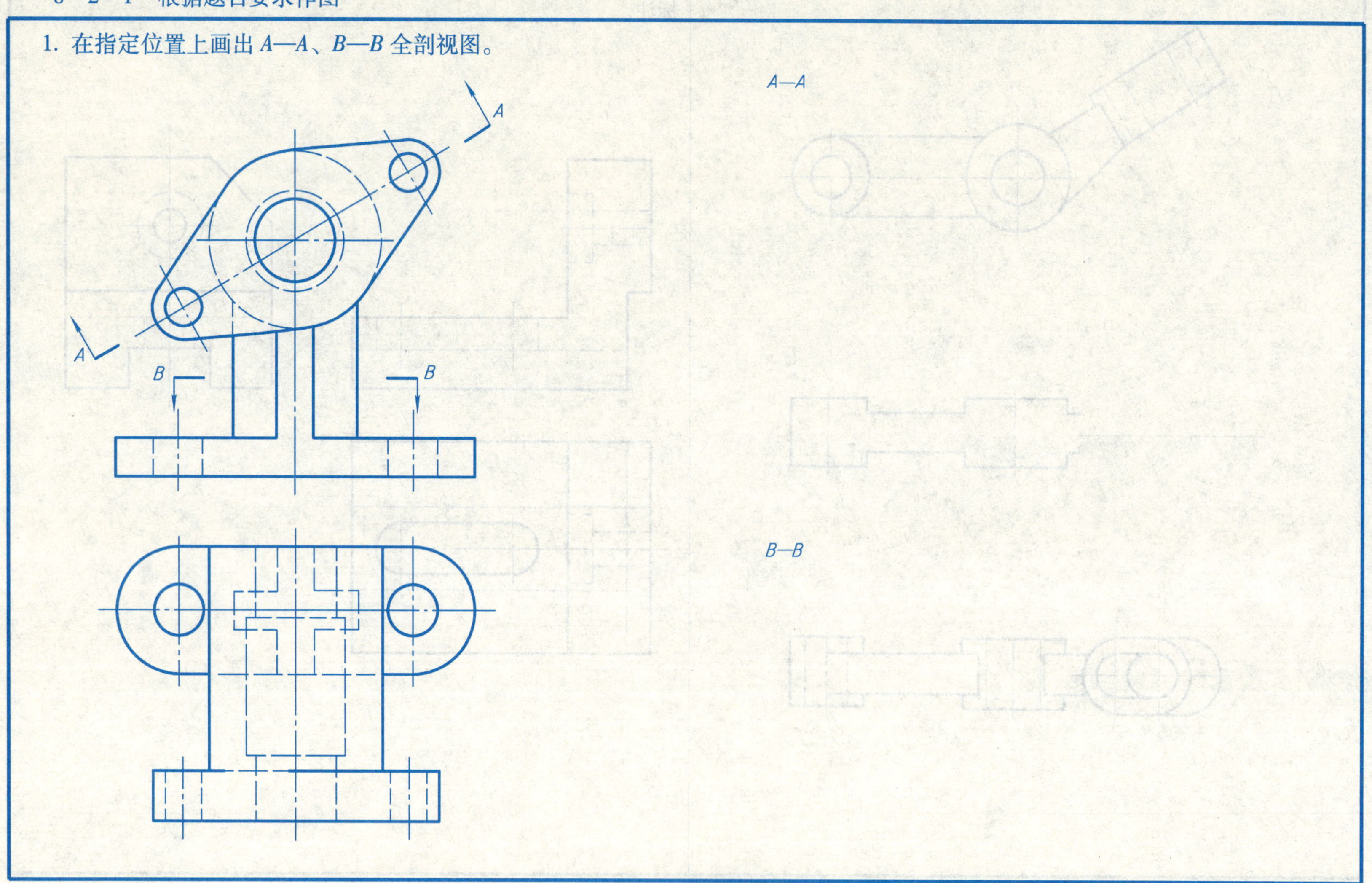

2. 作出 *A*—*A* 剖视图。

3. 将主视图改画成半剖视图。

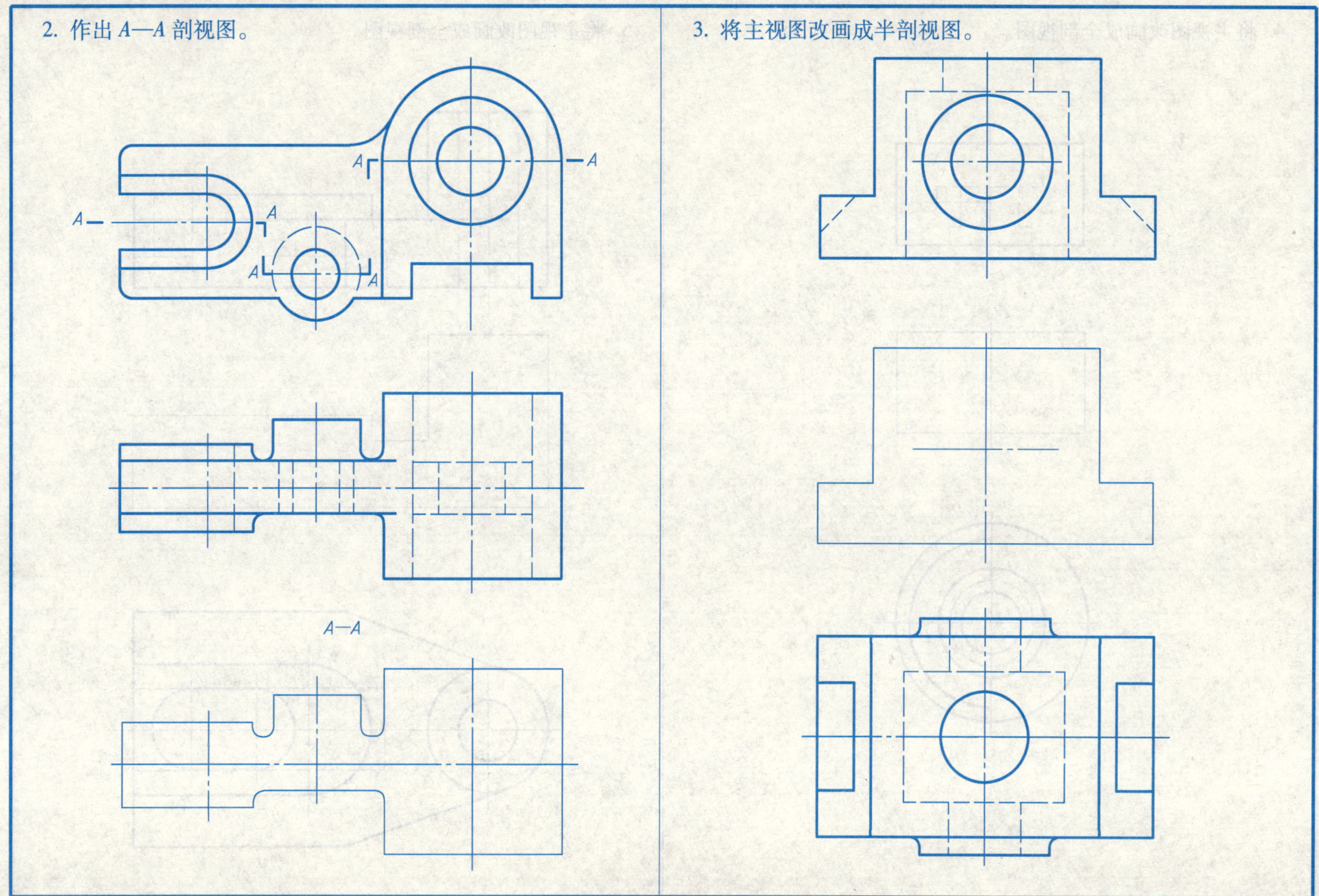

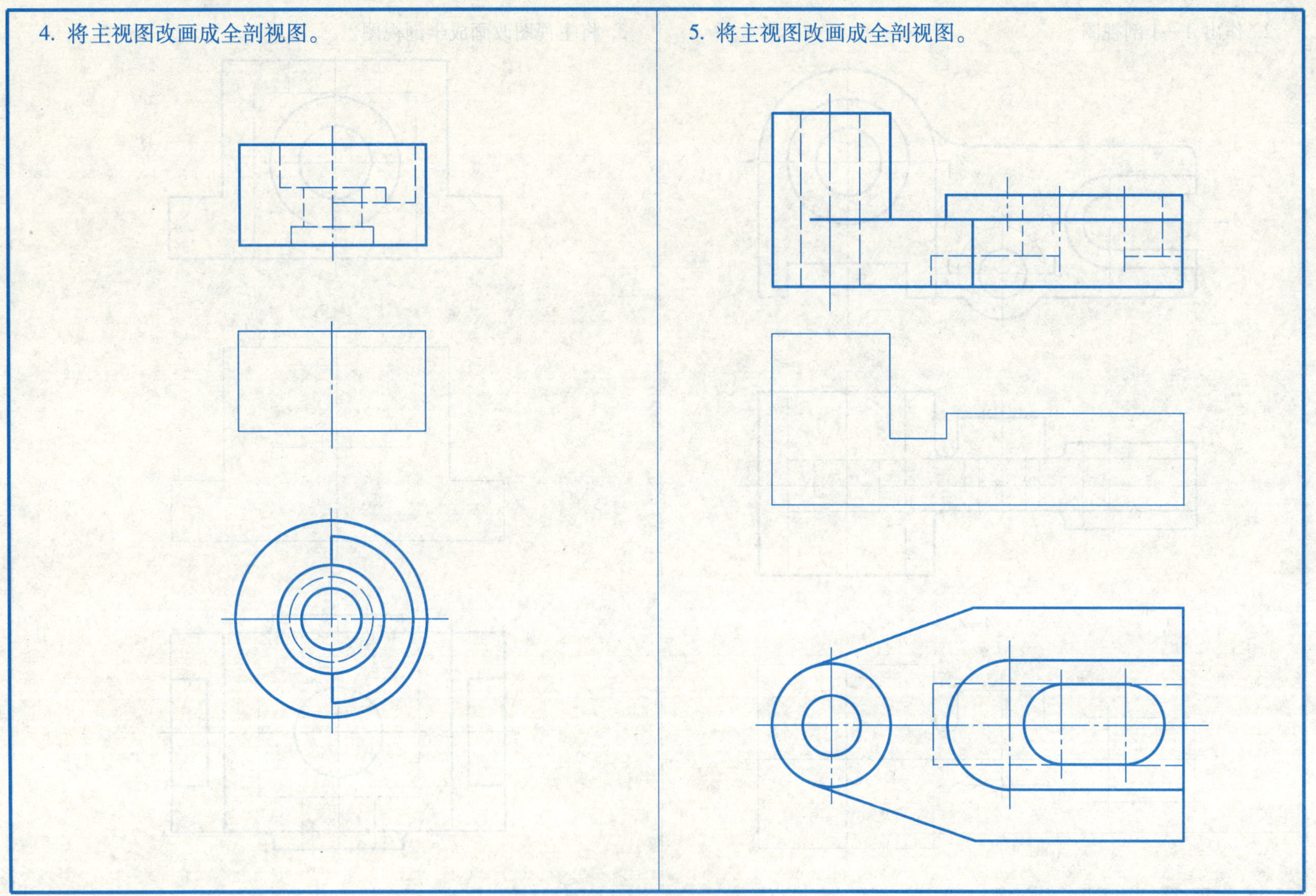
4. 将主视图改画成全剖视图。
5. 将主视图改画成全剖视图。

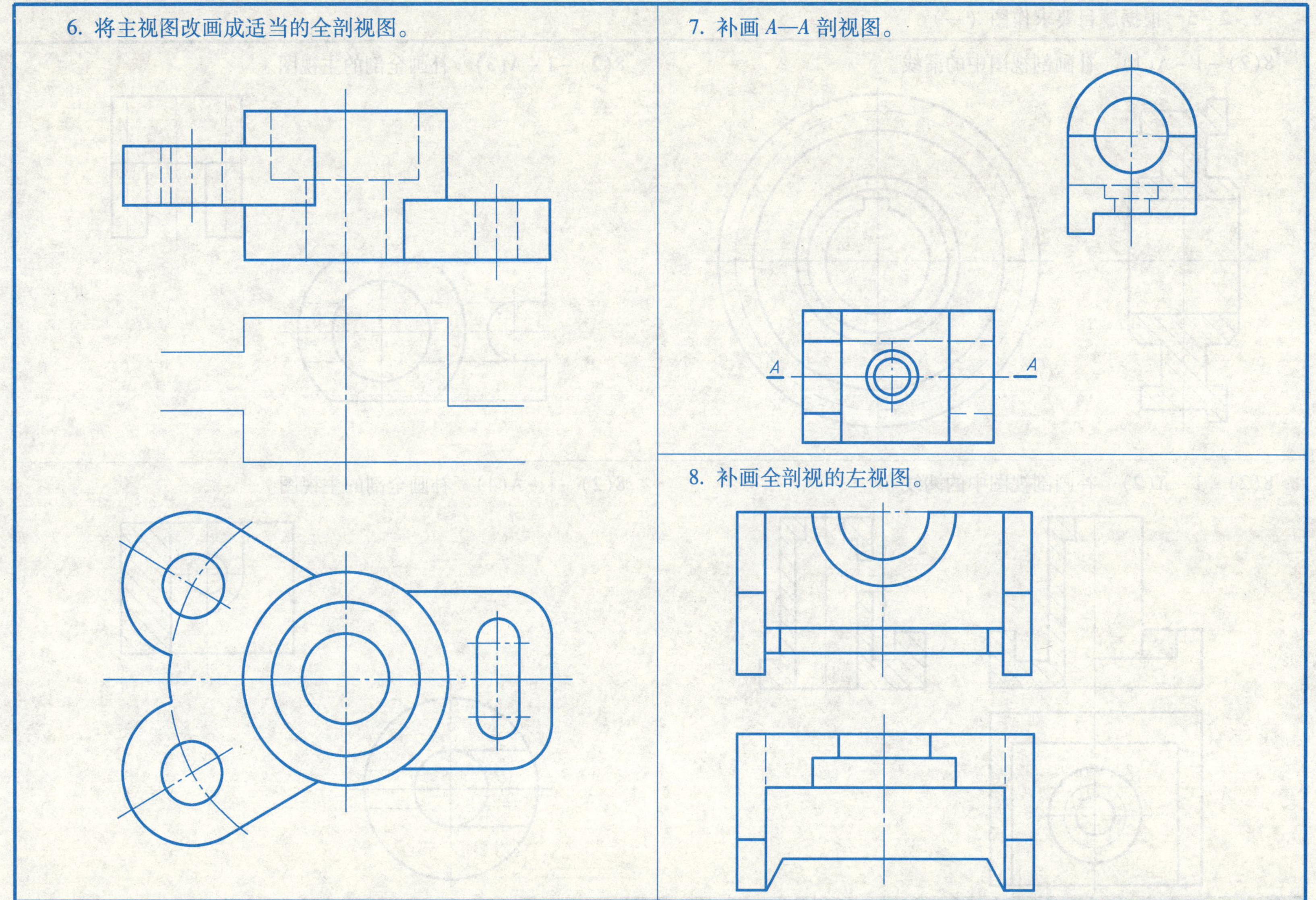
6. 将主视图改画成适当的全剖视图。
7. 补画 A—A 剖视图。
A
A
8. 补画全剖视的左视图。

试题：作各种剖视图

8－2－5　根据题目要求作图（一）

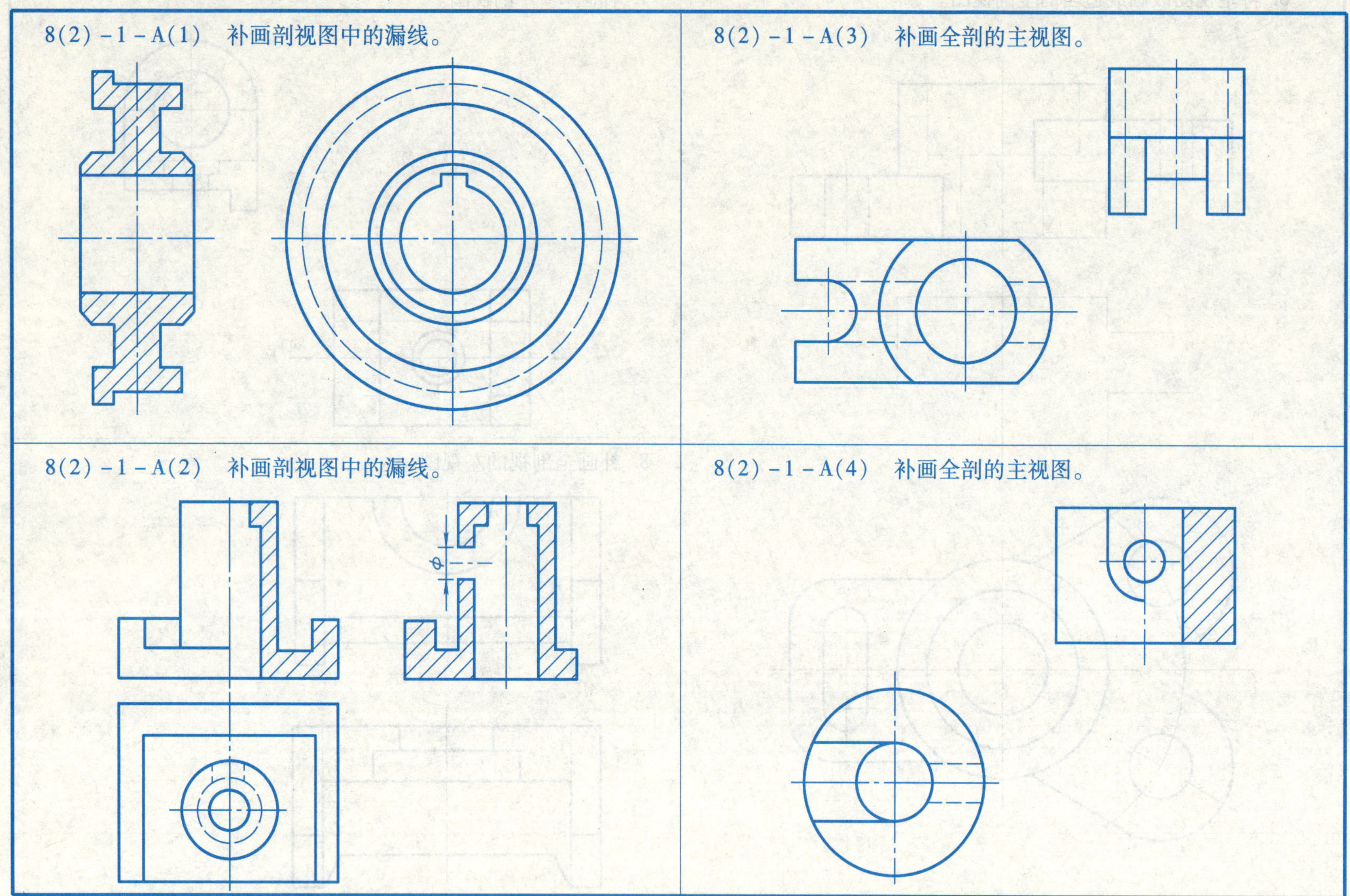

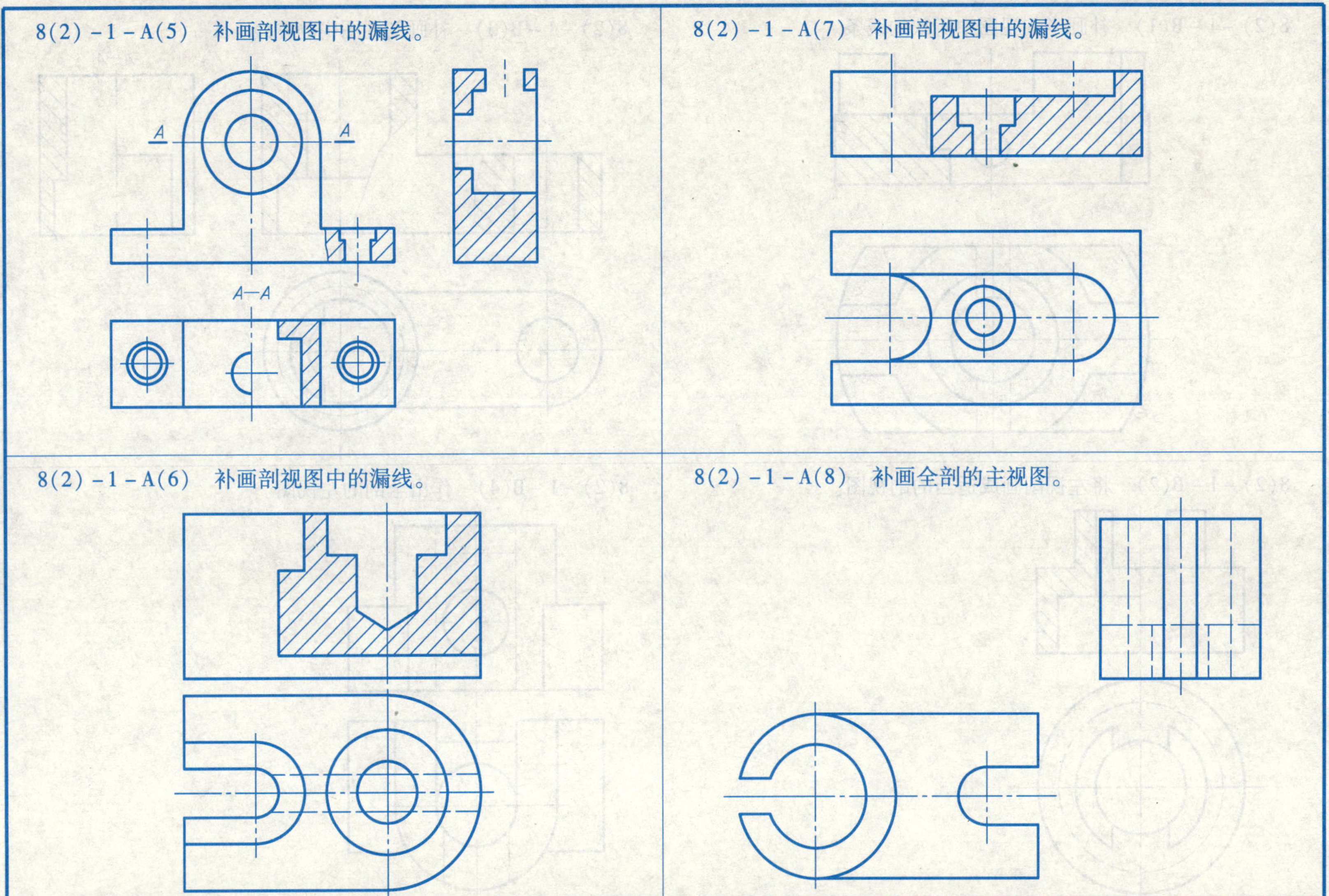
8(2)-1-A(5) 补画剖视图中的漏线。
A
A
A—A
8(2)-1-A(7) 补画剖视图中的漏线。
8(2)-1-A(6) 补画剖视图中的漏线。
8(2)-1-A(8) 补画全剖的主视图。

8-2-7 根据题目要求作图（二）

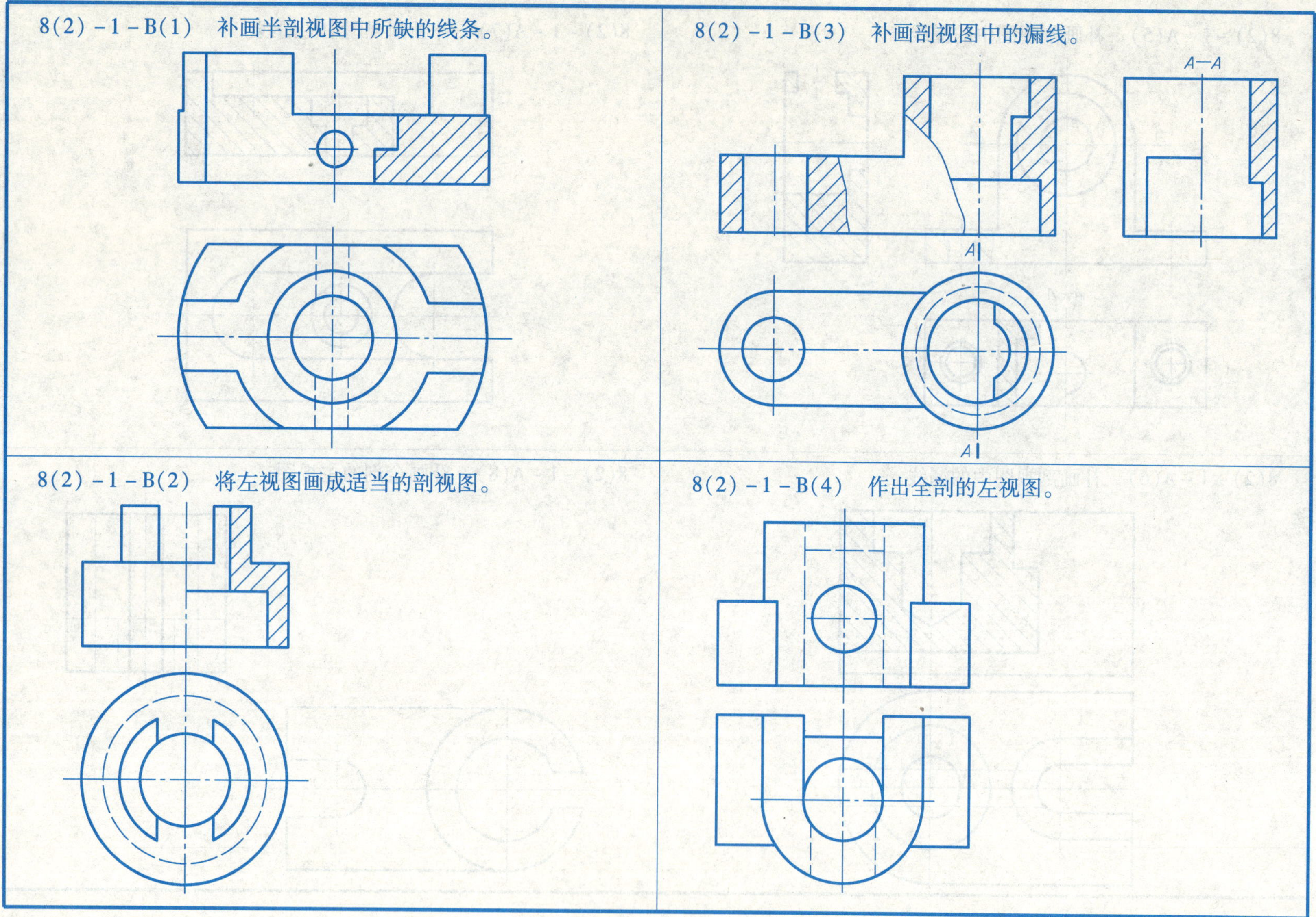

8-2-8　根据题目要求作图（三）

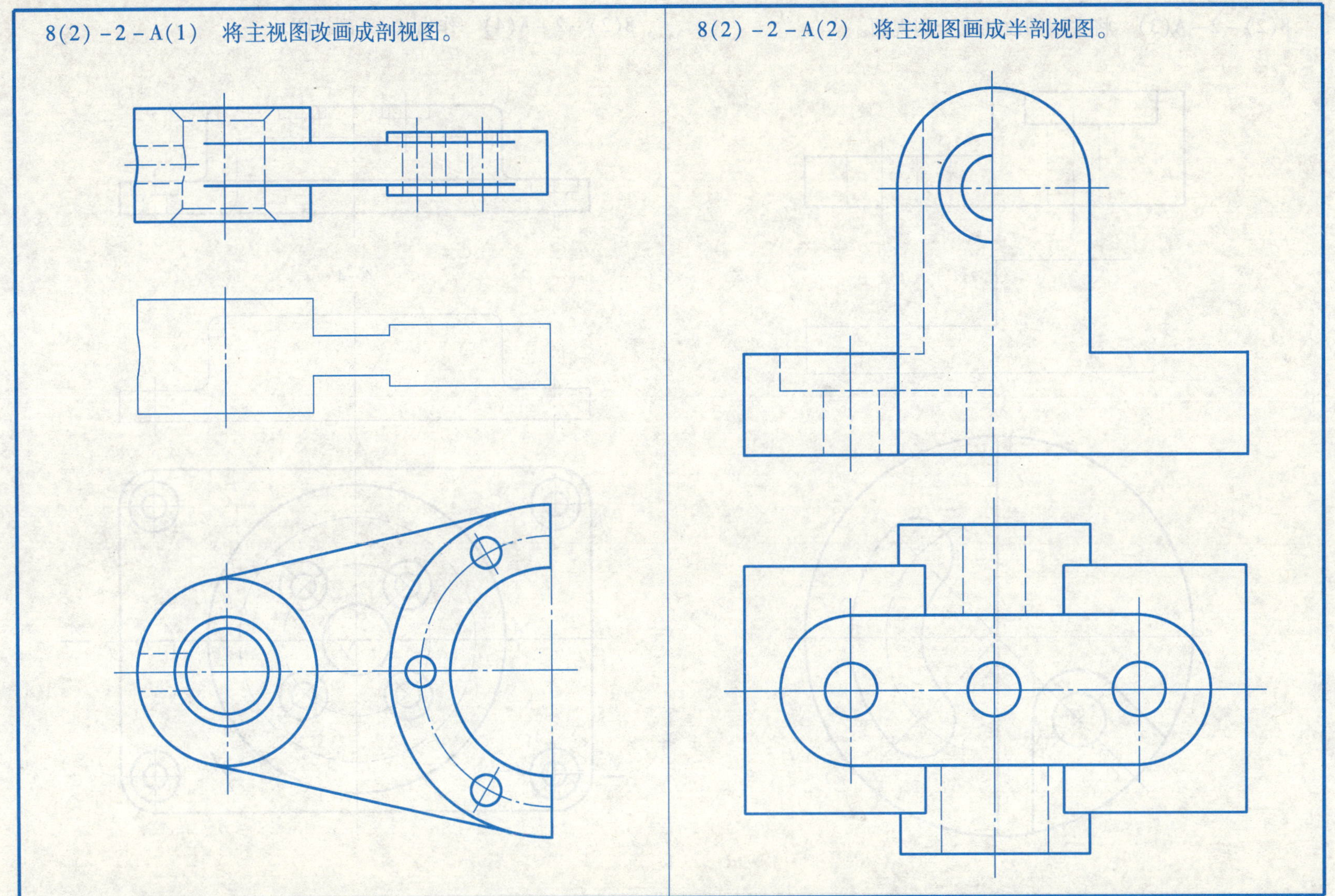

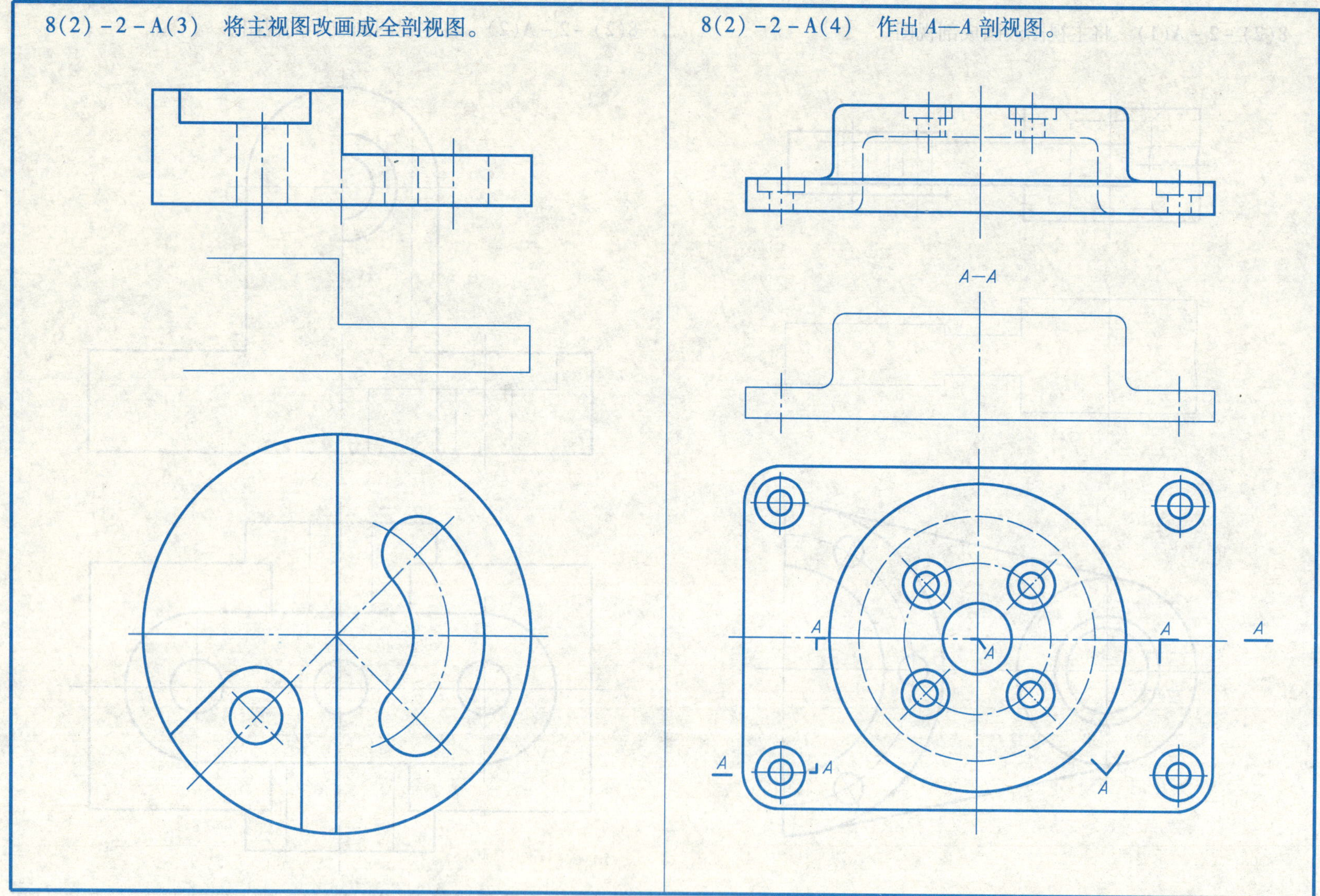
8(2)－2－A(3)　将主视图改画成全剖视图。
8(2)－2－A(4)　作出 A—A 剖视图。
A—A
A
A
A
A
A
A
A

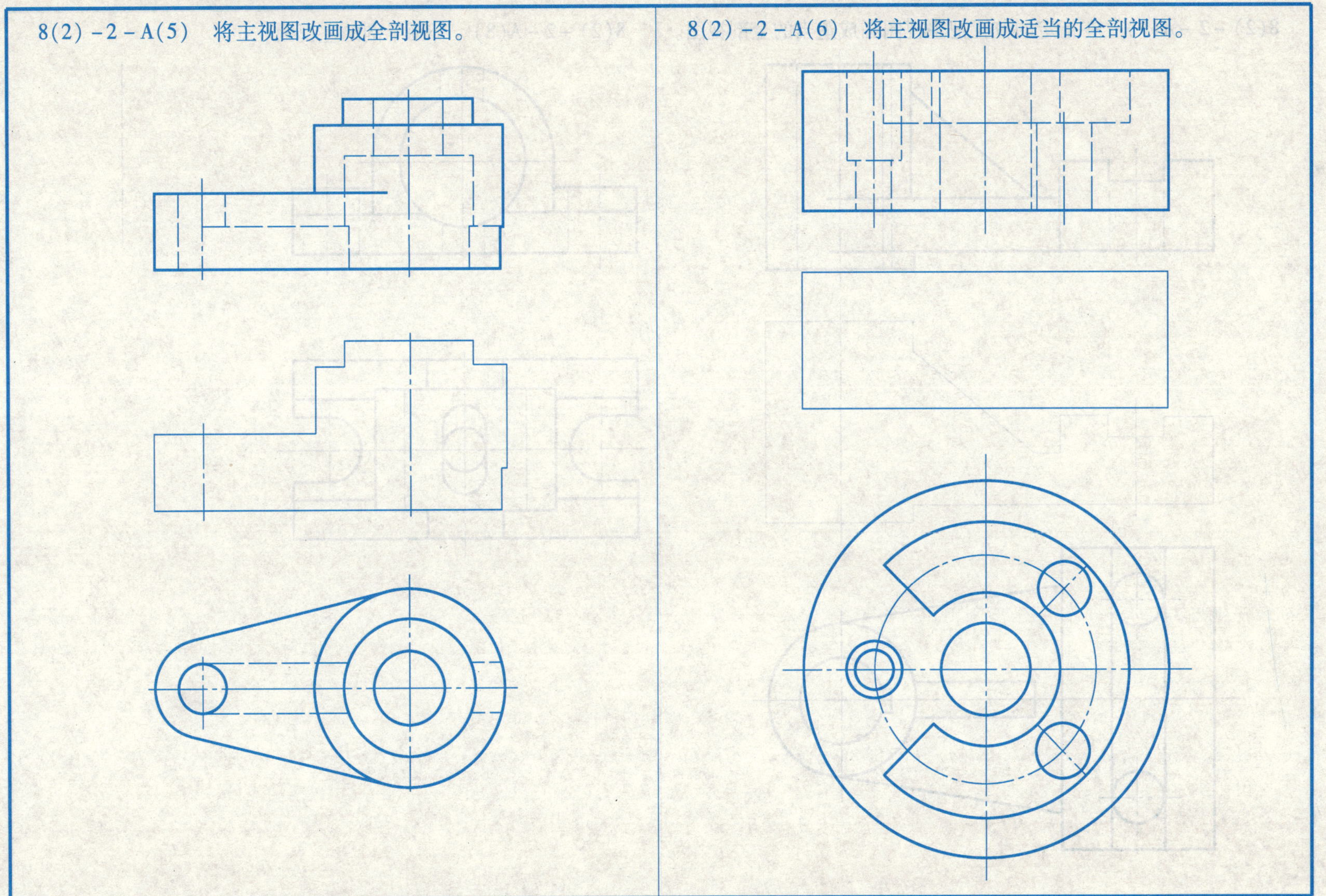
8(2)-2-A(5) 将主视图改画成全剖视图。
8(2)-2-A(6) 将主视图改画成适当的全剖视图。

8(2)－2－A(7)　在指定的位置把主视图画成适当的全剖视图。

8(2)－2－A(8)　补画半剖的左视图。

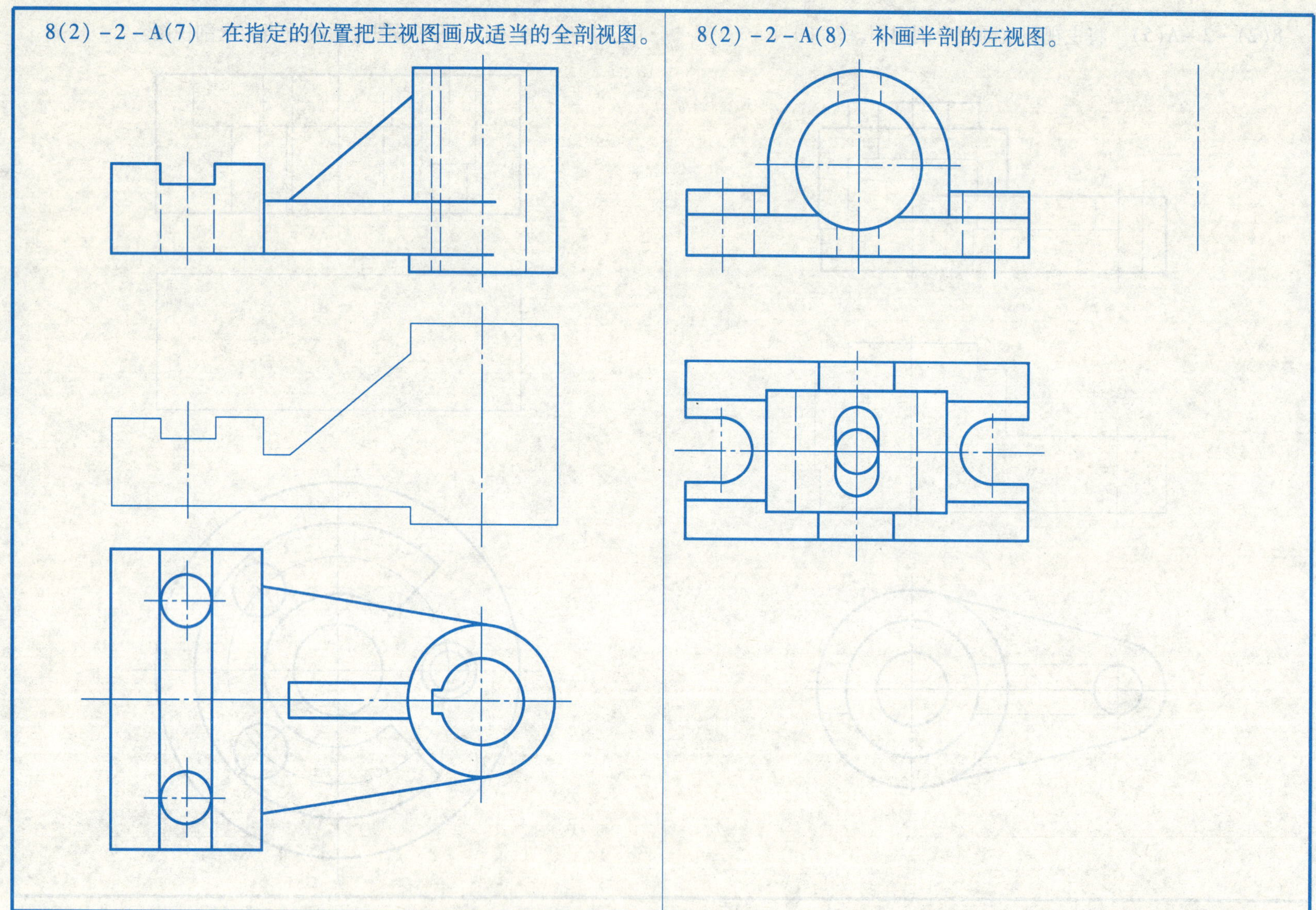

No. 6 作业：表达方法应用

8－2－12　根据所给的视图或轴测图，重新选择合适的表达方法

作 业 指 导

一、目的

1. 复习、巩固视图、剖视图的基本知识。
2. 培养正确、合理选用表达方法的能力。
3. 复习、巩固尺寸标注的能力。
4. 培养、提高画图（尺规图或徒手图）的能力。

二、要求

1. 完成教师指定的题号并标注尺寸。
2. 图纸幅面及画图方法（尺规图或徒手图）由教师指定；绘图比例自定。

三、作图主要步骤

1. 分析形体：应用读叠加体三视图的方法，分析图示机件的结构及内外形状。
2. 重新确定表达方案：根据图示机件的结构及内外形状，重新选择合适的表达方法（各种基本视图、辅助视图和剖视图），把机件的内外构形特征表达得层次分明，形状清晰；并使各个图中没有或尽量少出现虚线。
3. 画底稿。
4. 标注尺寸。
5. 检查校核，描粗加深。

四、注意

1. 画图前，先确定机件的长、宽、高尺寸基准，布局时先画出各图的作图基准（一般为尺寸基准），注意留够标注尺寸的位置。
2. 无论是画尺规图还是徒手图，都要先画底稿。
3. 尺寸标注要完整，注法要符合国家标准的规定。
4. 要写长仿宋体字，图面要整洁。

8－2－13　根据所给的视图，重新选择合适的表达方法

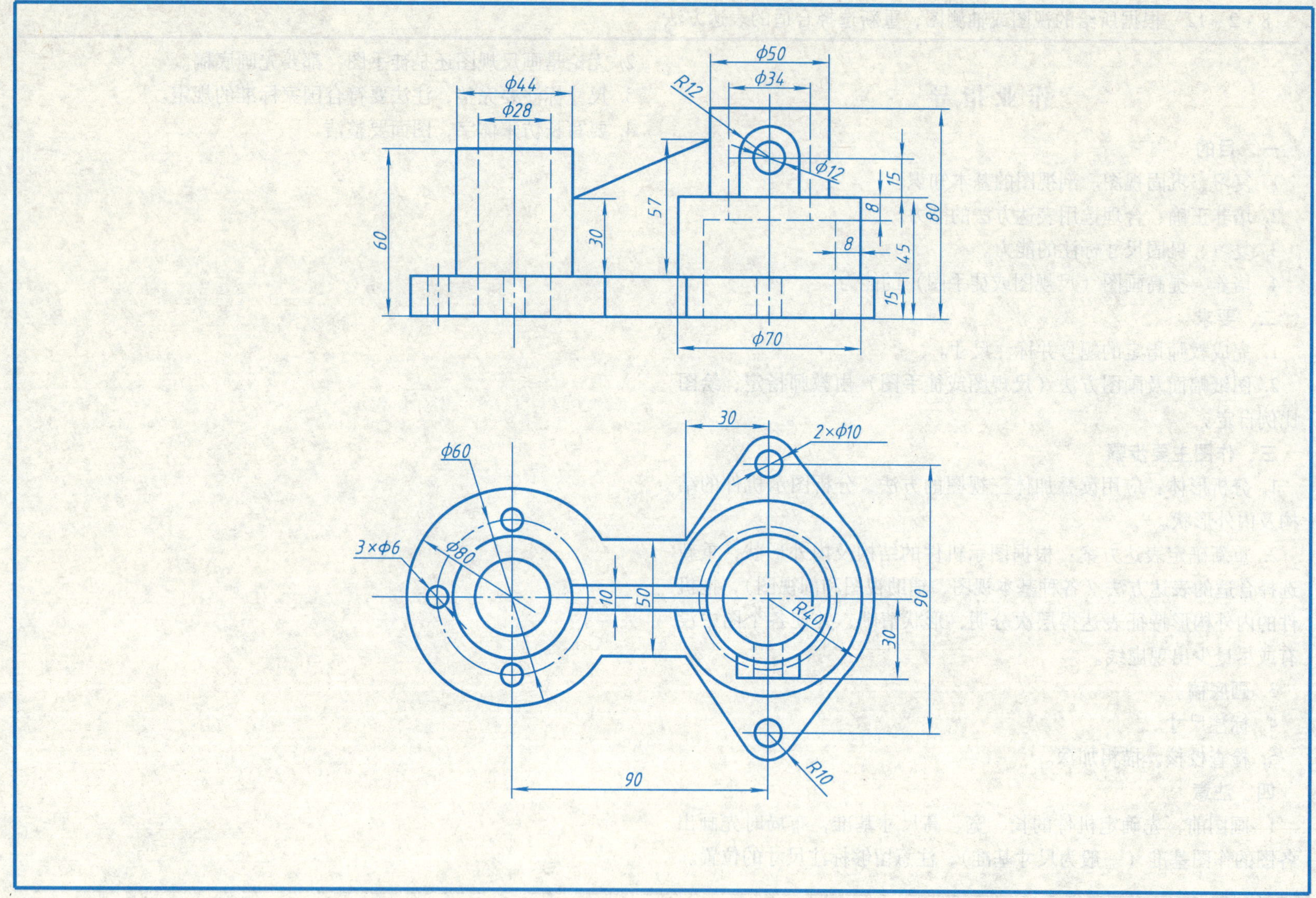

8-2-14 根据所给的轴测图，重新选择合适的表达方法

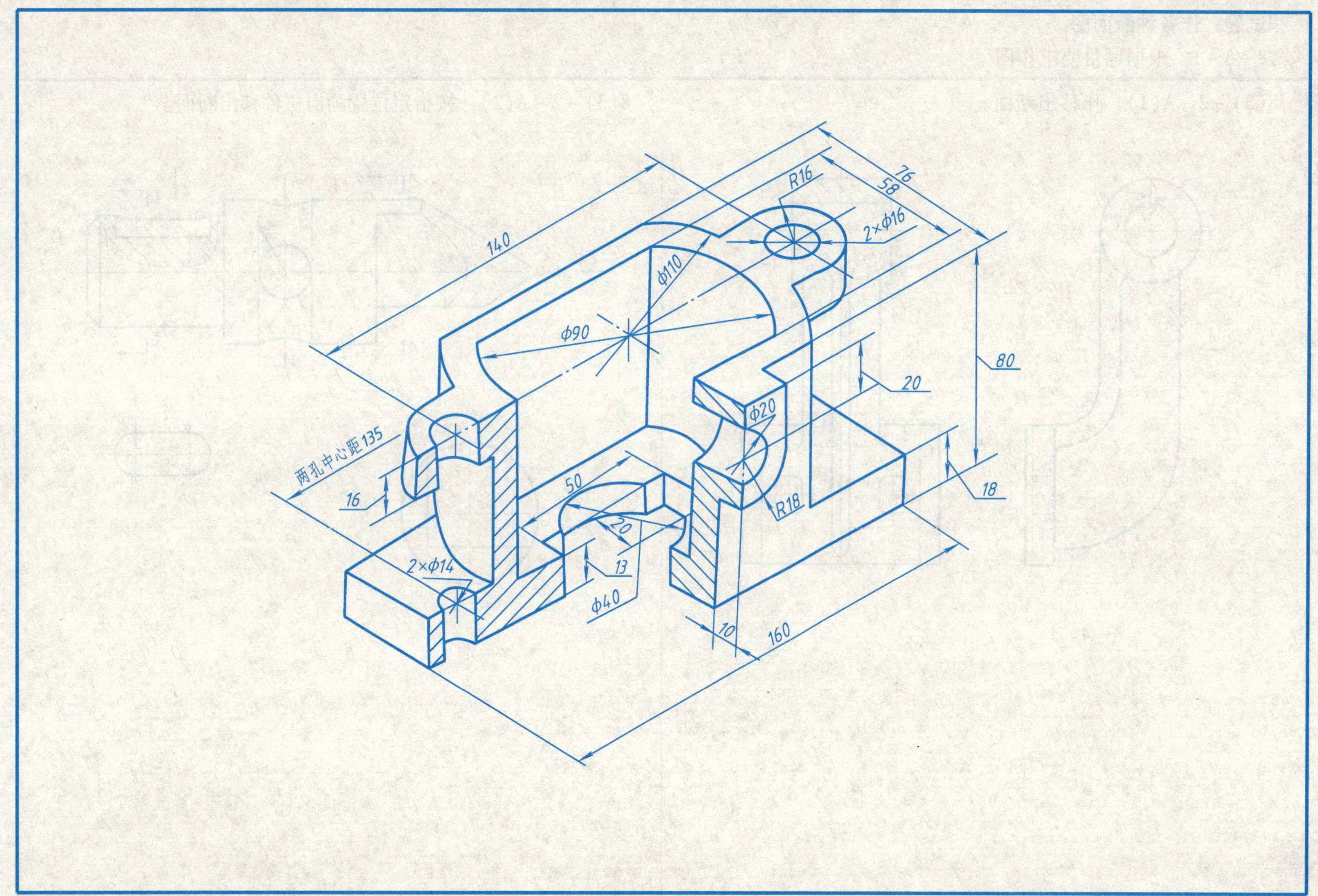

8－3　断面图

试题：作各种断面图

8－3－1　根据题目要求作图

8(3)－2－A(1)　作移出断面。

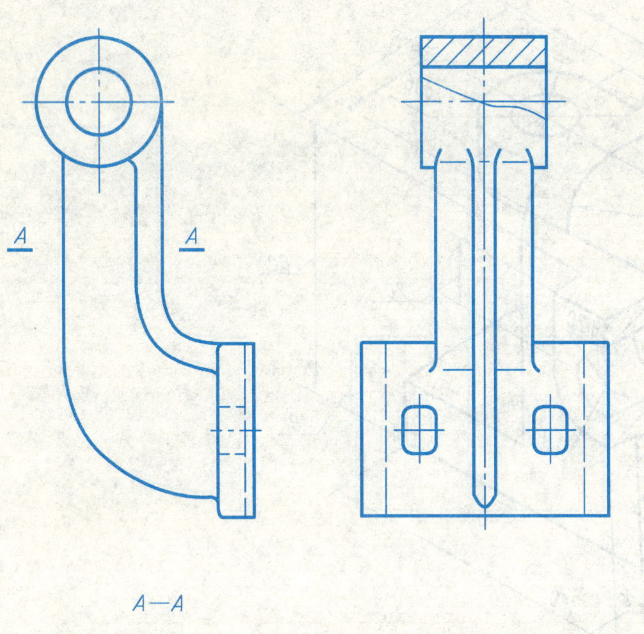

8(3)－2－A(2)　按指定位置画出机件移出断面。

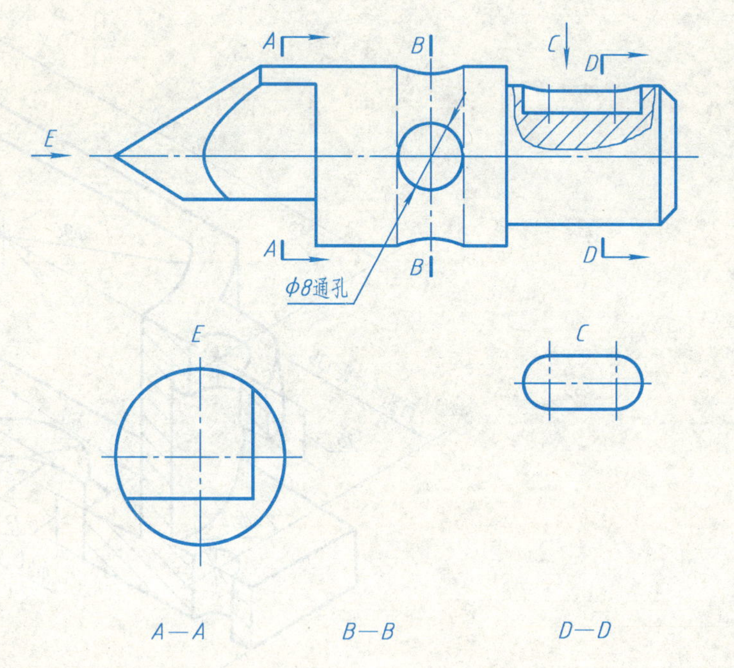

8(3)-2-A(3) 作 A—A 移出断面。

8(3)-2-A(4) 指出移出断面的错误，并画出正确的图形。

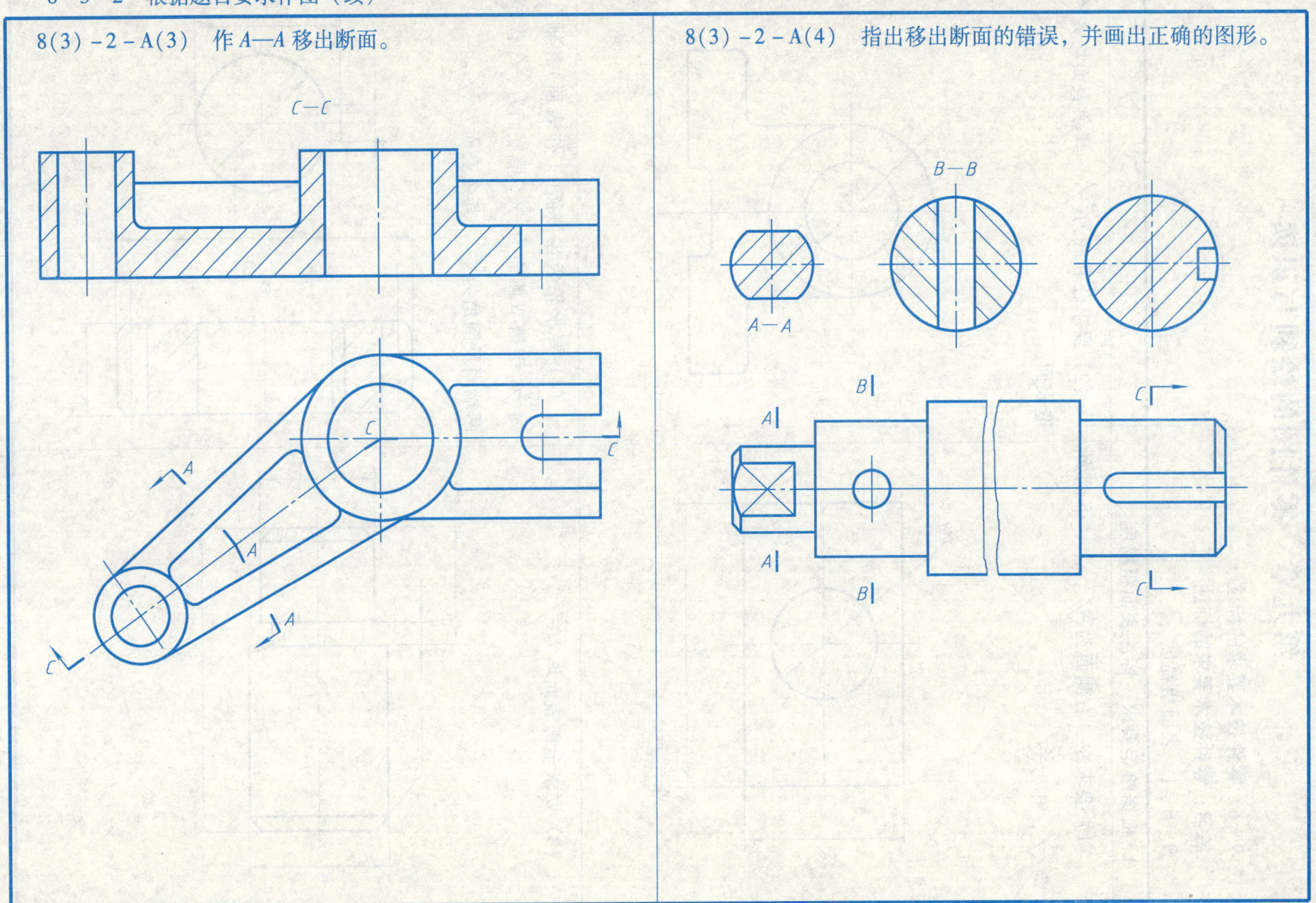

第九章　零件图的绘制与识读

9-6　零件技术要求的标注

练习：零件技术要求的标注

9-6-1　表面粗糙度

1. 根据给定要求，标注表面粗糙度。

（1）要求左、右侧面为$\overset{3.2}{\triangledown}$，上、下侧面为$\overset{6.3}{\triangledown}$，孔为$\overset{1.6}{\triangledown}$。

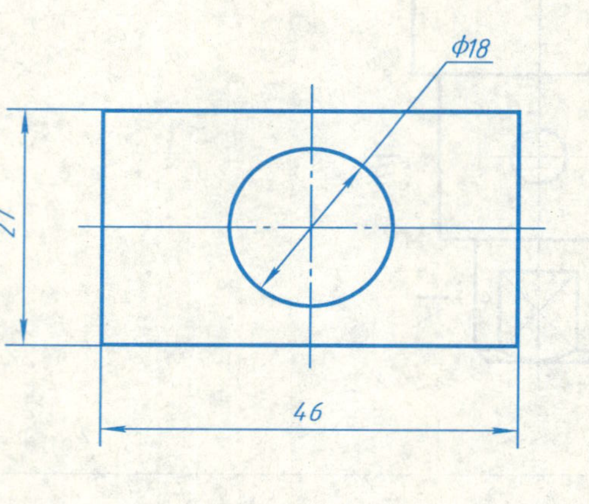

（2）要求孔和底为$\overset{3.2}{\triangledown}$，其余表面均为铸造表面。

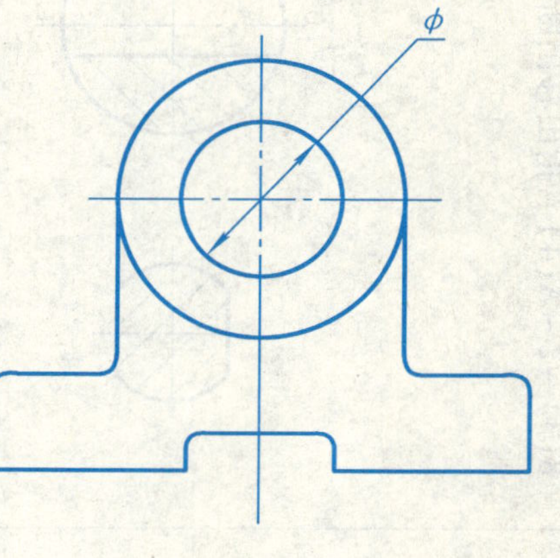

（3）要求全部表面均为$\overset{12.5}{\triangledown}$。

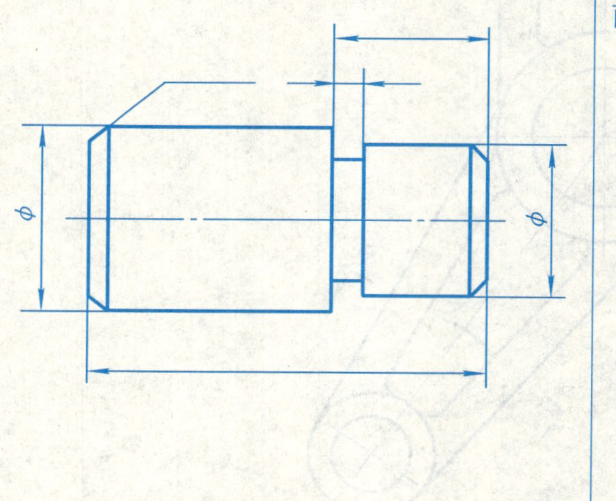

（4）要求轮齿齿侧面(工作表面)和轴孔为$\overset{1.6}{\triangledown}$，键槽双侧面为$\overset{3.2}{\triangledown}$，槽底面为$\overset{12.5}{\triangledown}$，齿轮两端面及倒角为$\overset{6.3}{\triangledown}$，其余表面为$\overset{25}{\triangledown}$。

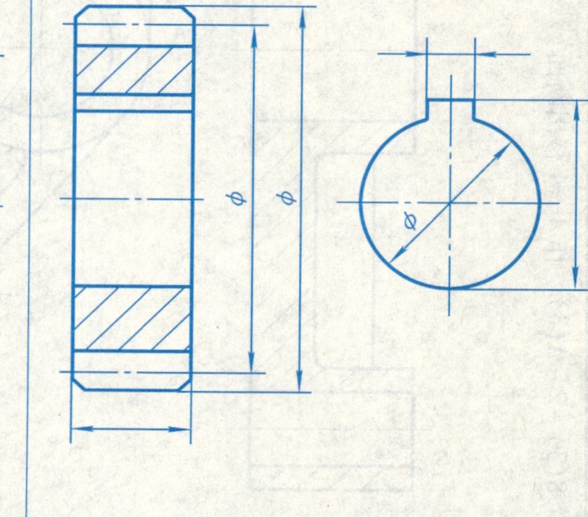

2. 分析各题左图中表面粗糙度的错误标注，在右图中按规定重新标出。

（1）

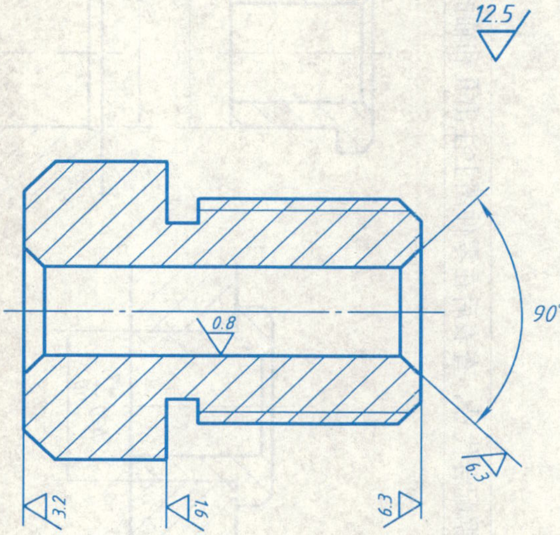

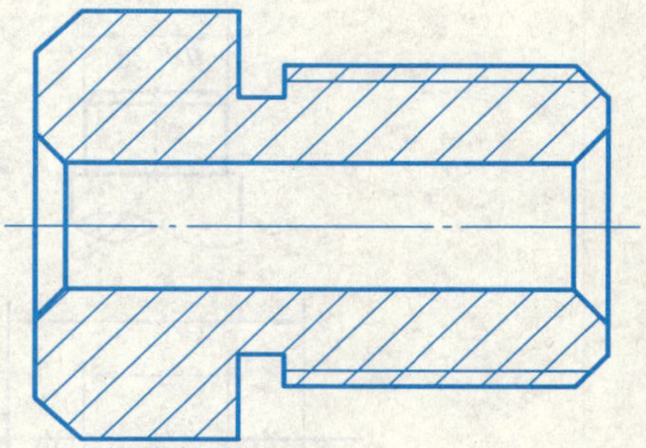

12.5

90°

0.8

6.3

3.2

1.6

6.3

（2）

1.6

Φ12

2×Φ5

⌴ Φ8

12.5

6.3

6.3

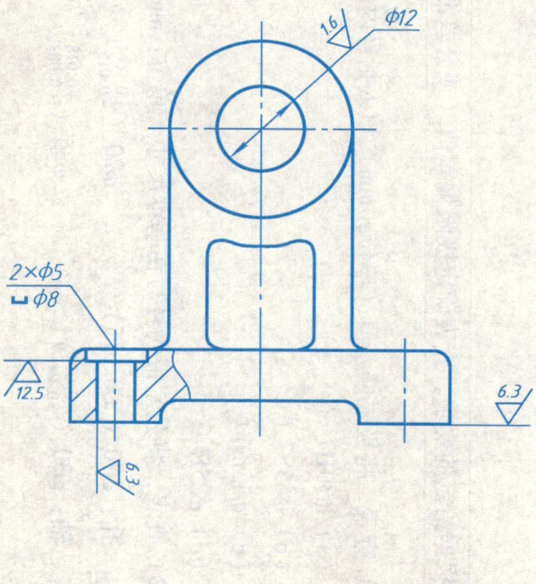

9-6-3 极限与配合

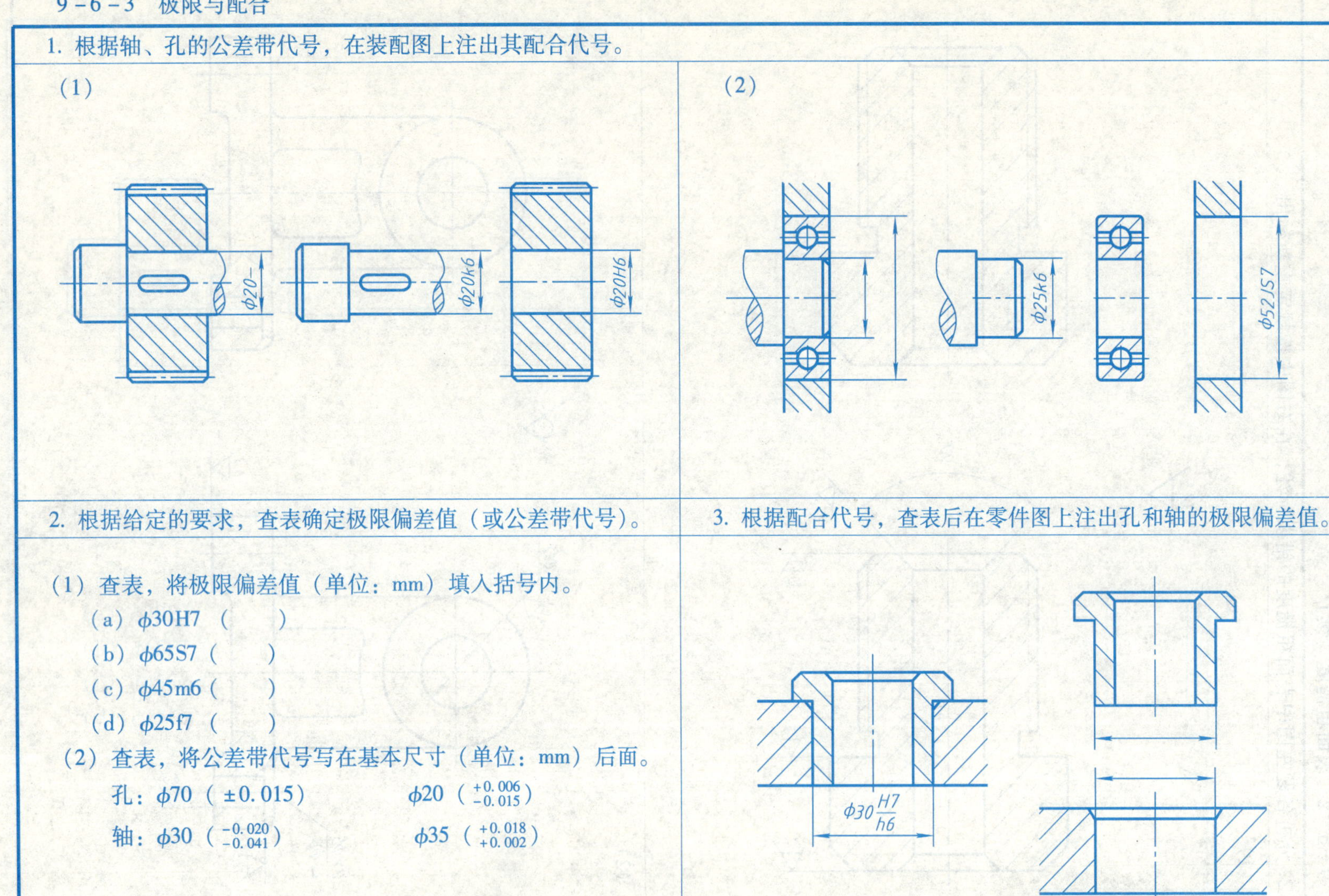

1. 根据轴、孔的公差带代号，在装配图上注出其配合代号。

（1）

（2）

2. 根据给定的要求，查表确定极限偏差值（或公差带代号）。

（1）查表，将极限偏差值（单位：mm）填入括号内。

（a）φ30H7（　　）

（b）φ65S7（　　）

（c）φ45m6（　　）

（d）φ25f7（　　）

（2）查表，将公差带代号写在基本尺寸（单位：mm）后面。

孔：φ70（±0.015）　　φ20（$^{+0.006}_{-0.015}$）

轴：φ30（$^{-0.020}_{-0.041}$）　　φ35（$^{+0.018}_{+0.002}$）

3. 根据配合代号，查表后在零件图上注出孔和轴的极限偏差值。

4. 根据装配图上的配合代号，填写下列内容。

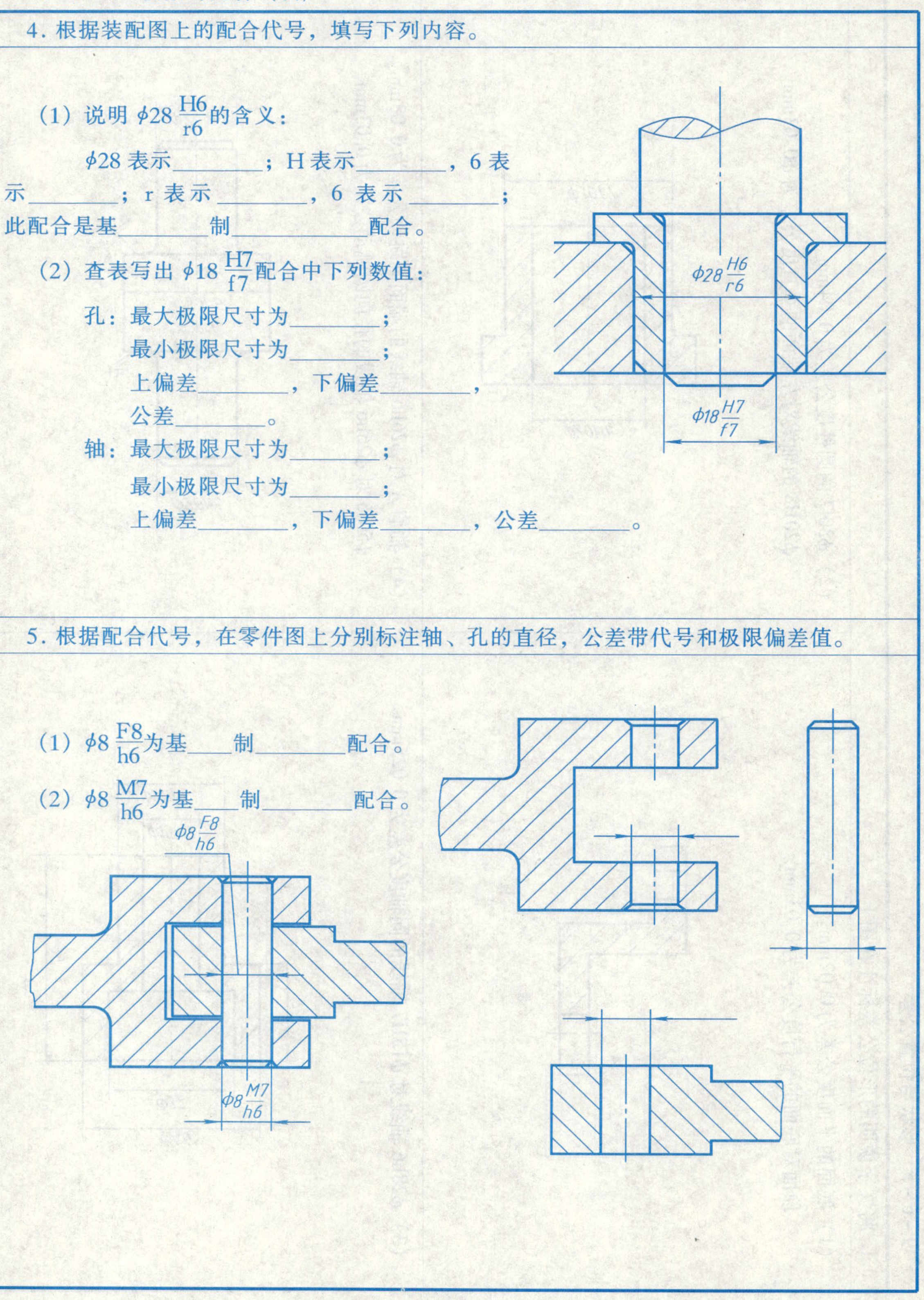

（1）说明 $\phi28\frac{H6}{r6}$ 的含义：

$\phi28$ 表示________；H 表示________，6 表示________；r 表示________，6 表示________；此配合是基________制____________配合。

（2）查表写出 $\phi18\frac{H7}{f7}$ 配合中下列数值：

孔：最大极限尺寸为________；

最小极限尺寸为________；

上偏差________，下偏差________，

公差________。

轴：最大极限尺寸为________；

最小极限尺寸为________；

上偏差________，下偏差________，公差________。

5. 根据配合代号，在零件图上分别标注轴、孔的直径，公差带代号和极限偏差值。

（1）$\phi8\frac{F8}{h6}$ 为基____制________配合。

（2）$\phi8\frac{M7}{h6}$ 为基____制________配合。

1. 将文字说明的形位公差标注在图上。

（1）底面的平面度公差为 0.02mm。
顶面对底面的平行度公差为 0.03mm。

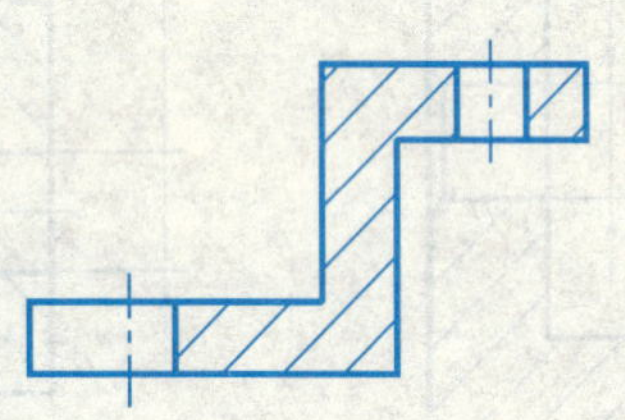

（2）ϕ30f7 的圆柱度公差为 0.04mm。
ϕ20H8 的轴线对左端面的垂直度公差为 ϕ0.03mm。

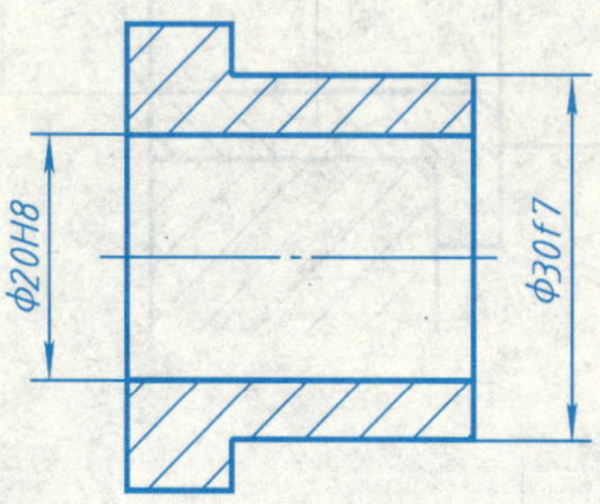

（3）ϕ28h6 轴线对 ϕ15H7 轴线的同轴度公差为 0.025mm。

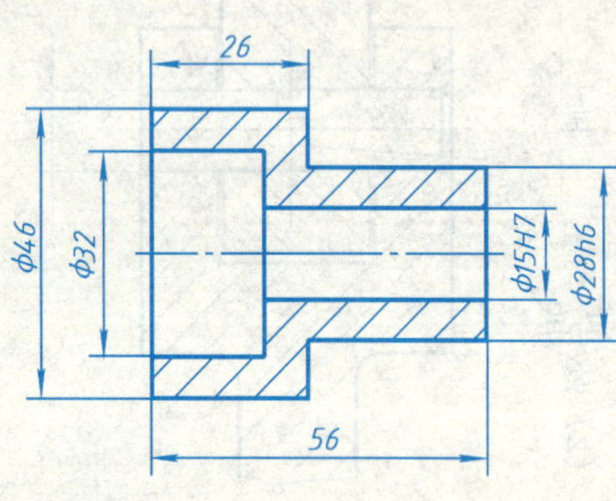

（4）轴肩 *A* 对 ϕ26h6 轴线的端面圆跳动公差为 0.03mm。
ϕ50r6 对 ϕ26h6 轴线的径向圆跳动公差为 0.03mm。

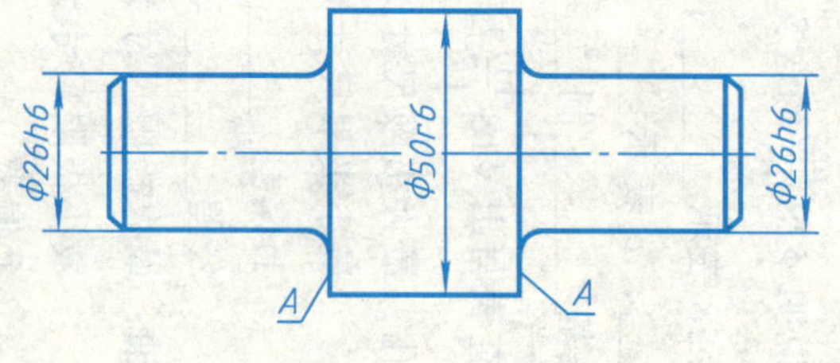

9-6-6 形状与位置公差（续）

2. 对照下图所注形位公差，完成填充题。

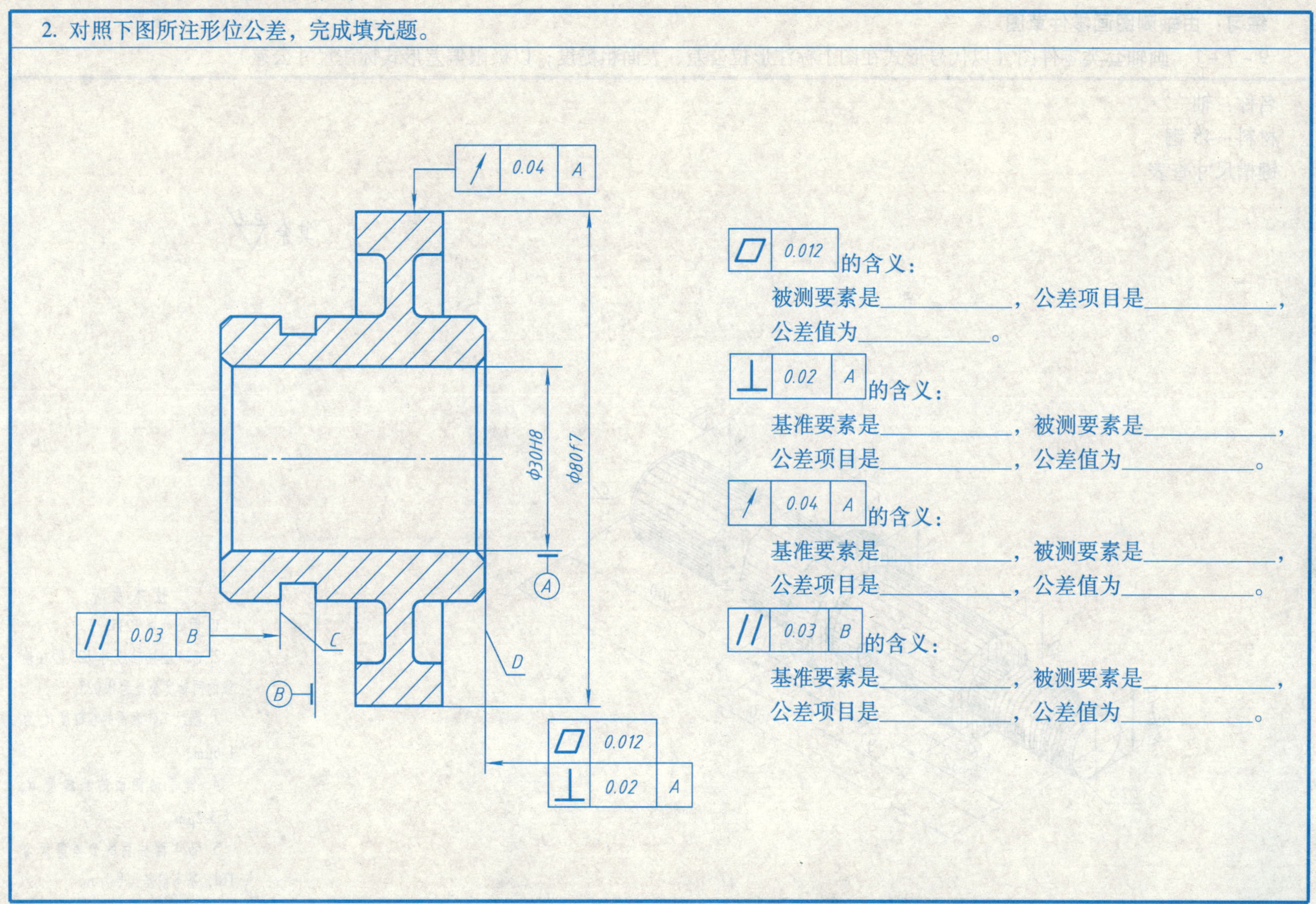

⏥ 0.012 的含义：

被测要素是＿＿＿＿＿＿，公差项目是＿＿＿＿＿＿，

公差值为＿＿＿＿＿＿。

⊥ 0.02 A 的含义：

基准要素是＿＿＿＿＿＿，被测要素是＿＿＿＿＿＿，

公差项目是＿＿＿＿＿＿，公差值为＿＿＿＿＿＿。

↗ 0.04 A 的含义：

基准要素是＿＿＿＿＿＿，被测要素是＿＿＿＿＿＿，

公差项目是＿＿＿＿＿＿，公差值为＿＿＿＿＿＿。

// 0.03 B 的含义：

基准要素是＿＿＿＿＿＿，被测要素是＿＿＿＿＿＿，

公差项目是＿＿＿＿＿＿，公差值为＿＿＿＿＿＿。

9-7 画零件图

练习：由轴测图画零件草图

9-7-1 画轴套类零件图（以代号形式在图上标注形位公差、表面粗糙度；以极限偏差形式标注尺寸公差）

名称：轴

材料：45 钢

键槽尺寸查表

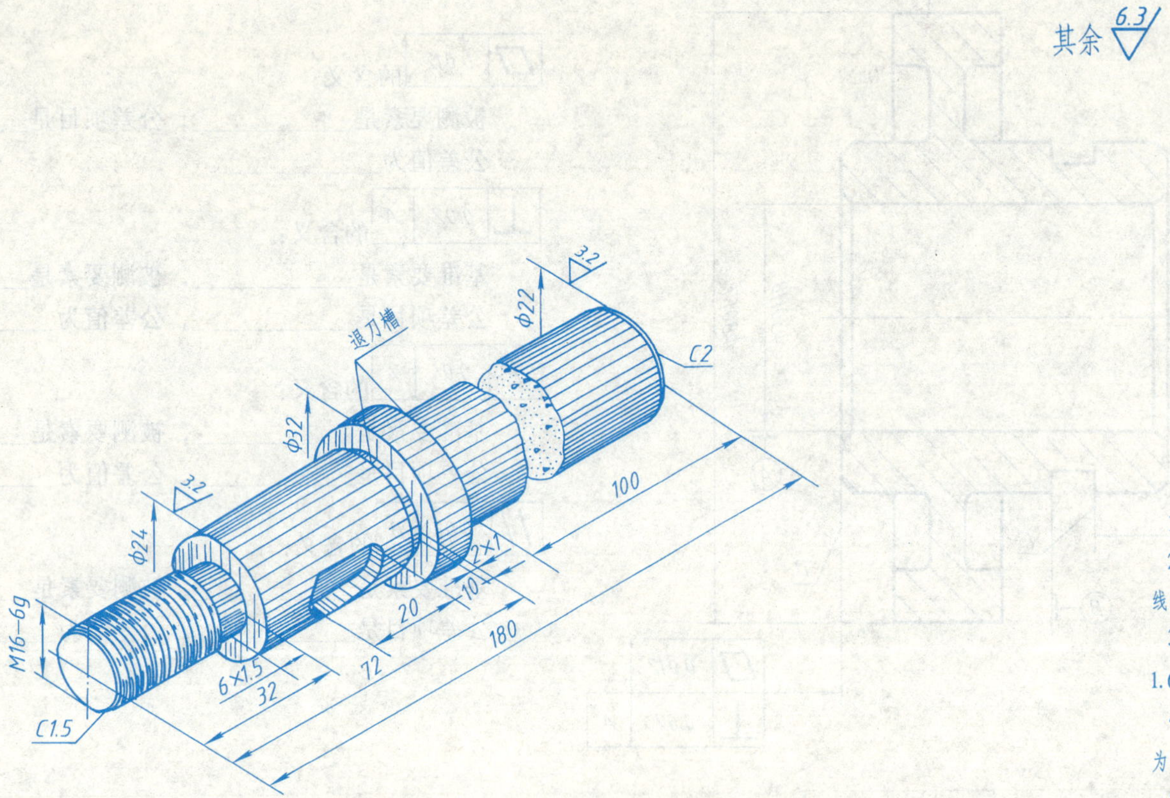

技术要求

1. 调质处理 T235。
2. φ24 圆柱轴线对 φ22 圆柱轴线的同轴度公差为 0.025。
3. 螺纹工作表面的粗糙度 R_a 为 1.6μm。
4. 键槽两侧面的粗糙度 R_a 为 3.2μm。
5. φ24 圆柱面的公差等级为 IT6，基本偏差代号为 n。

9－7－2 画轮盘类零件图（以代号形式在图上标注形位公差、表面粗糙度；以极限偏差形式标注尺寸公差）

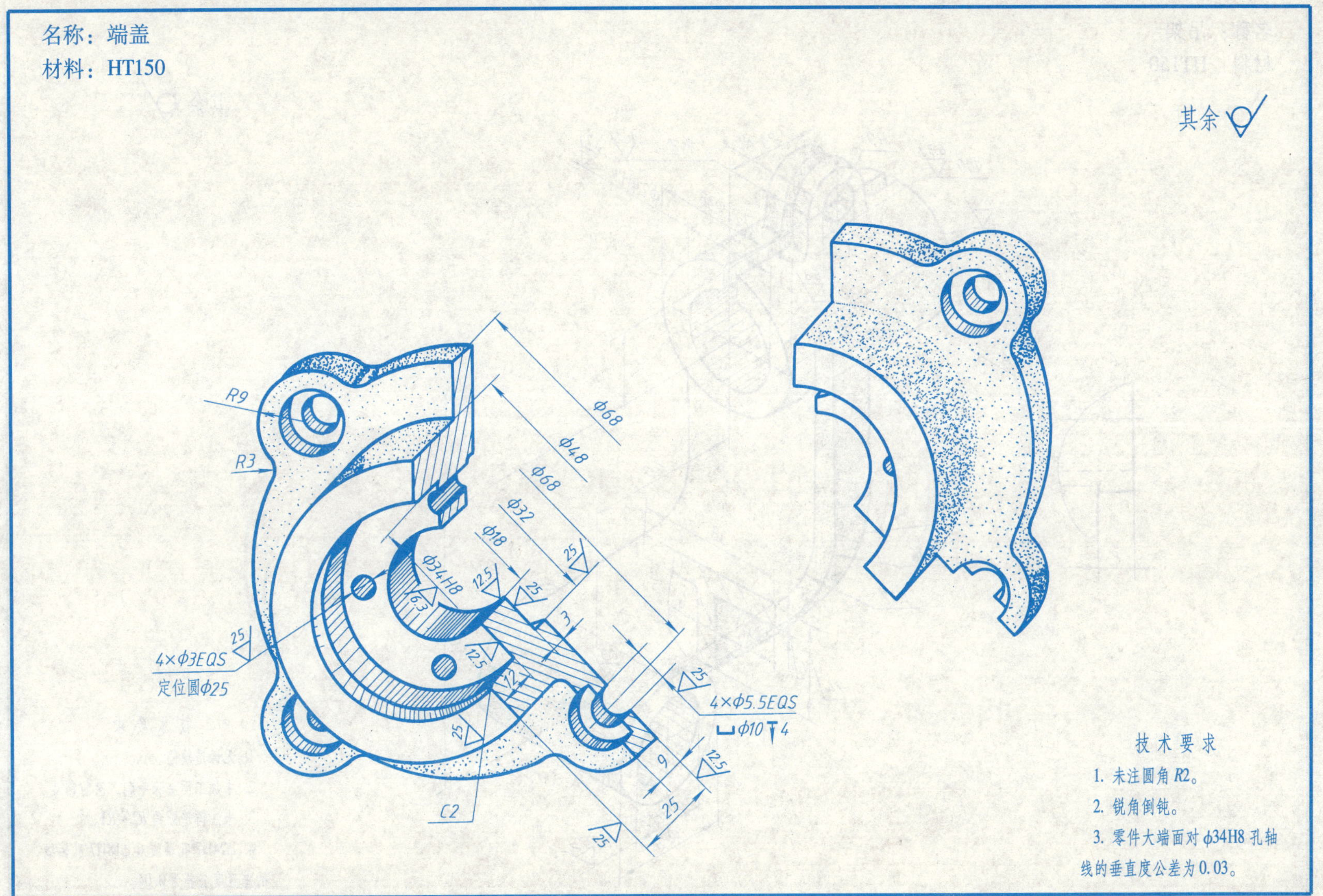

9－7－3　画叉架类零件图（以代号形式在图上标注形位公差、表面粗糙度；以极限偏差形式标注尺寸公差）

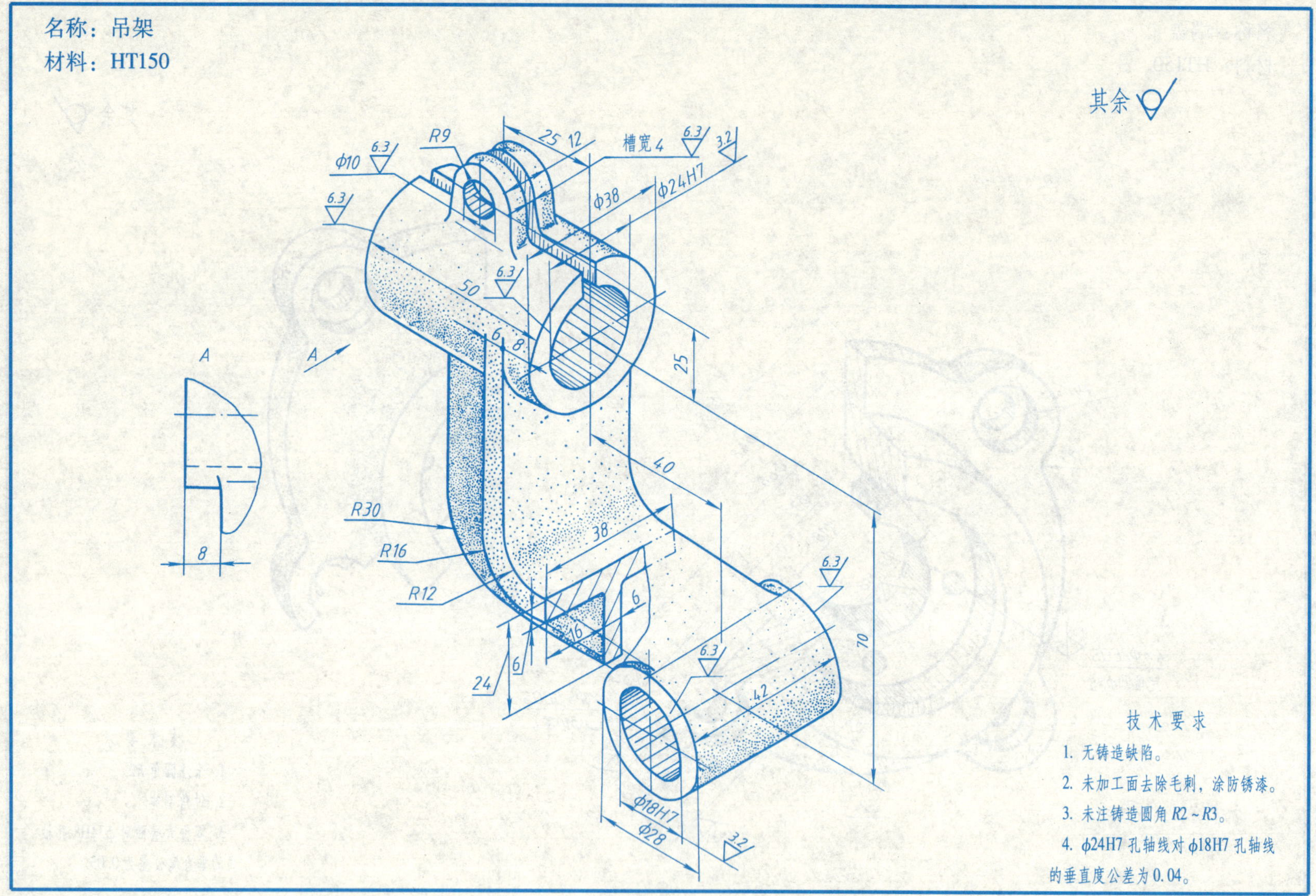

9-7-4　画箱壳类零件图（以代号形式在图上标注表面粗糙度）

名称：警报器壳体

材料：HT200

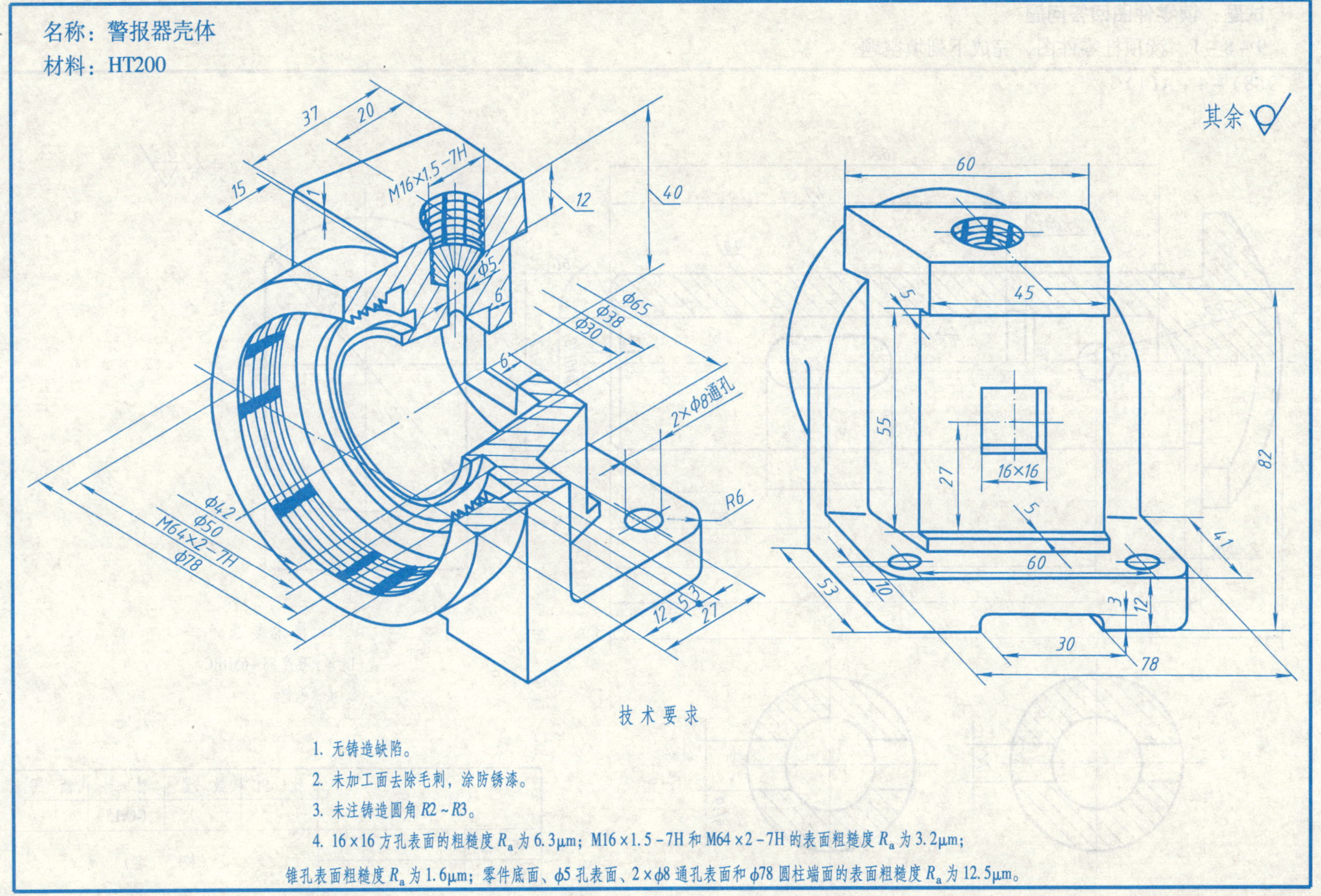

技 术 要 求

1. 无铸造缺陷。
2. 未加工面去除毛刺，涂防锈漆。
3. 未注铸造圆角 $R2 \sim R3$。
4. 16×16 方孔表面的粗糙度 R_a 为 6.3μm；M16×1.5−7H 和 M64×2−7H 的表面粗糙度 R_a 为 3.2μm；锥孔表面粗糙度 R_a 为 1.6μm；零件底面、ϕ5 孔表面、2×ϕ8 通孔表面和 ϕ78 圆柱端面的表面粗糙度 R_a 为 12.5μm。

9-8 读零件图

试题：读零件图回答问题

9-8-1 读顶杆零件图，完成下列填空题

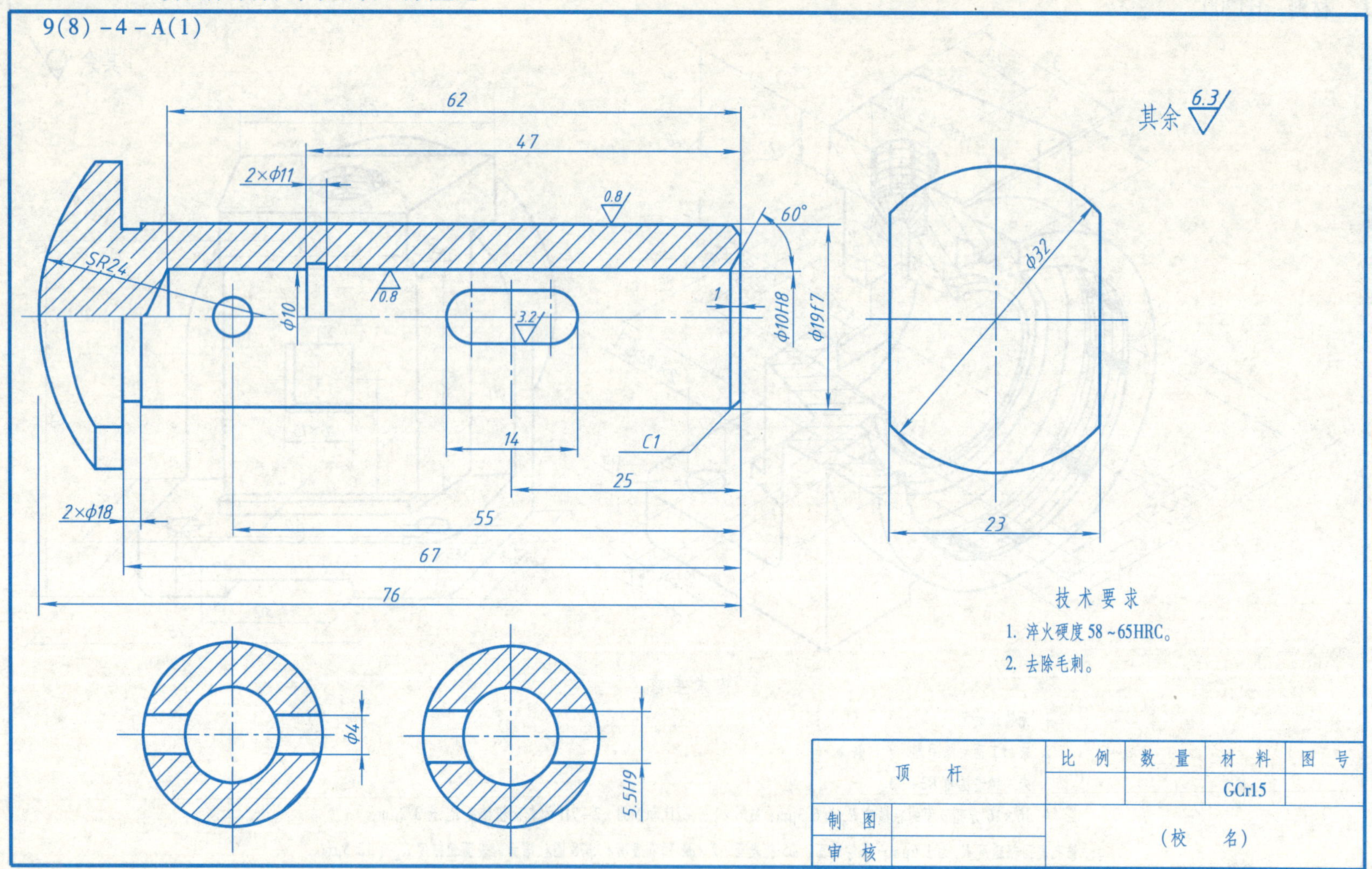

9-8-2 读顶杆零件图，完成下列填空题（续）

1. 该零件的名称是________，所用材料为________，它属四大类零件中的________类零件。

2. 该图主视图的画图位置是零件的________位置，投射方向与________，表达方法为________，因为它是________，所以能用此种方法；其它图样共有________个，其中一个为________，其作用是________和________；另两个为________，其主要作用是标注________和________的尺寸，它们都未标注三要素，是因为它们都是____________________。

3. 该零件的主要部分是一段________；其上有一个________和________，它们都是________相通的；内外分别有一个________槽；左端杆头的主要形状是________。

4. 该零件的轴向主要尺寸基准是____________，按用途分类，它属于________基准，轴向辅助基准是________；径向主要尺寸基准是________，按用途分类，它属于________基准。

5. 该零件管套部分的长（含越程槽）为________、外径为________、内径为________、孔深为________；其上键槽的定位尺寸为________、定形尺寸为________和________；圆孔的定位尺寸为________、定形尺寸为________；外部越程槽的定位尺寸为________、定形尺寸为________；孔内越程槽的定位尺寸为________、定形尺寸为________；左端杆头的定形尺寸为________、________、________；主视图中，上侧标注的是________结构的尺寸，下侧标注的是________结构的尺寸。

6. ϕ10 套孔的尺寸极限偏差代号为________，有此要求的孔深为________，在此长度范围内的表面粗糙度要求为________，余下部分（左段）的表面粗糙度要求则为________；外径 ϕ19 的极限偏差代号为________，杆的外表面粗糙度要求为________；键槽侧面的表面粗糙度要求为________；杆头、越程槽、ϕ4 通孔及倒角的表面粗糙度要求分别为________、________、________、________；其它的技术要求有__________________和__________________。

9-8-3　读输出轴零件图，完成下列填空题

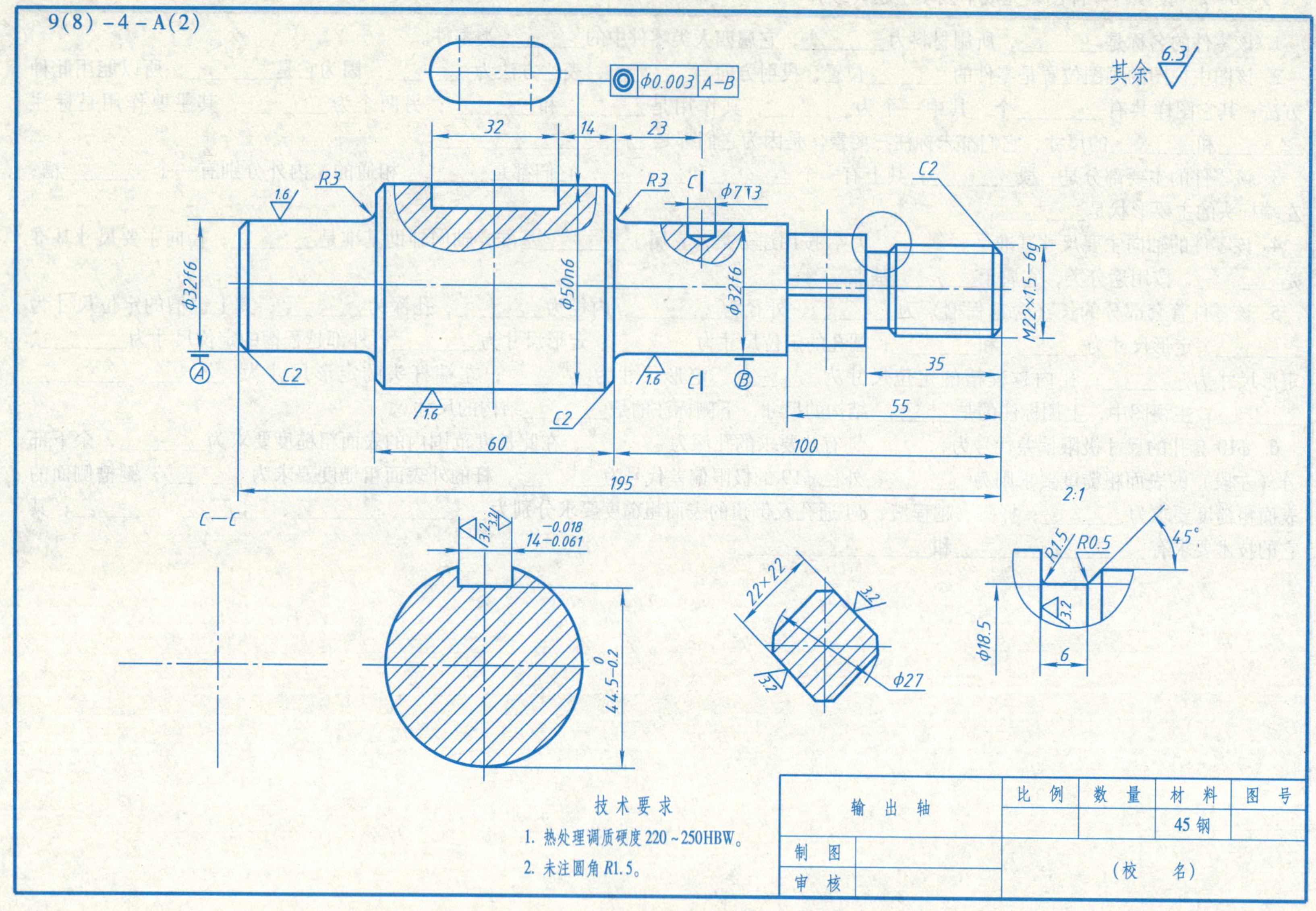

9-8-4 读输出轴零件图，完成下列填空题（续）

1. 该零件的名称是________，所用材料为________，它属四大类零件中的________类零件。

2. 该图主视图的画图位置是零件的________位置，投射方向与________________，表达方法为________，并作了两处________，因为它是________，所以不能作全剖；其它图样共有________，其中一个为________视图，其作用是________________；一个为________图，其主要作用是________________；另两个为________图，其作用分别是标注________和________的尺寸及表达________的断面形状，它们都未标注三要素，是因为它们都是____________________的图形。

3. 该零件在结构上是一个________回转体，其上有一个________槽和一个________孔，右段上有________。

4. 该零件的轴向主要尺寸基准是________面，按用途分类，它属于________基准；轴向辅助基准是________面，它属于________基准；径向尺寸基准是________线，按用途分类，它属于________基准。

5. 该轴共五段，它们的定位、定形尺寸从左至右分别为________、________、________、________、________；键槽和销孔的定位、定形尺寸依次为________、________、________、________和________、________；主视图中，上侧标注的是________和________加工的尺寸，下侧标注的是________加工的尺寸，这是按____________________的原则进行的标注。

6. ϕ32 轴段（两段）的极限偏差要求为________，表面粗糙度要求为（不含左端面）________；ϕ50 轴段的极限偏差要求为________，表面粗糙度要求为________，它的轴线对________的轴线的________要求为 ϕ0.003；键槽两侧面和底面的表面粗糙度要求分别为________、________；22×22 方形轴段的表面粗糙度要求为________；轴的两端面、倒角、退刀槽和销钉孔的表面粗糙度要求为________。

7. 右段螺纹种类（牙型）为________螺纹，其大径为________、螺距为________、导程为________、线数为________、旋向为________、极限偏差代号为____________________。

9－8－5　读端盖零件图，完成下列填空和作图任务

9(8)－4－A(3)

1. 该零件的名称是________，所用材料为________，它属四大类零件中的________类零件。

2. 该图主视图的画图位置是零件的________位置，投射方向与________，表达方法为________，这是因为零件的结构________对称；B—B 的表达方法是一个________剖的________视图，这是因为零件的结构________也对称。

3. 该零件在结构上可视作________回转体；左段圆柱外径为________、长________，其上钻有直径为________、深为________和直径为________、深为________的圆孔，左端用了两个________平面和一个________平面切出一前后通槽，右端用了两个________平面和两个________平面切出一上下通的方孔；右段圆柱的外径为________、长为________，其上钻有直径为________、深为________的圆坑，同时有________个直径为________的________孔。

4. 在图中用"↗轴""↗径"指出零件的轴向和径向主要尺寸基准，按用途分，它们都属于________基准。

5. 左端前后通槽的高为________，长为________；中间上下通的方孔的长为________，宽为________；它们同时是各切面的________尺寸。

6. 图中所示表面Ⅰ、Ⅱ、Ⅲ的表面粗糙度代号依次为________、________、________。

7. 画出 A—A 剖视图；之所以作________剖，是因为零件的结构________。

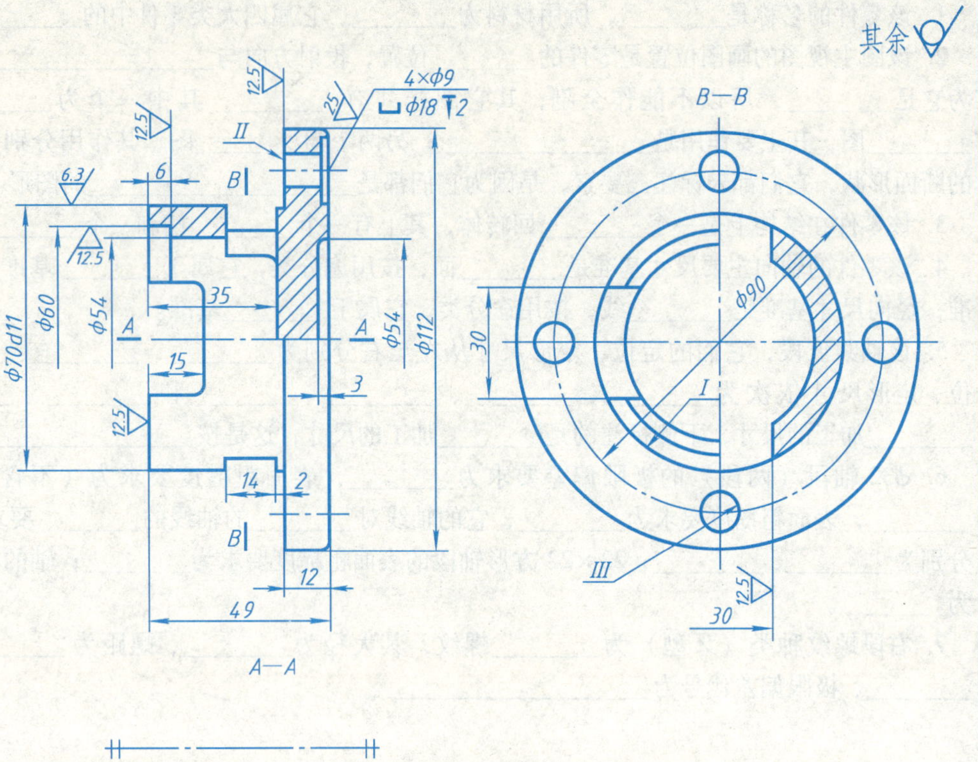

其余 ∀

4×φ9
⌴φ18↧2

B—B

A—A

技术要求

未注铸造圆角 R3。

端　盖		比　例	数　量	材　料	图　号
		1:2		HT200	
制　图		（校　　名）			
审　核					

9-8-6 读端盖零件图，完成下列填空和作图任务（续）

9(8)-4-A(4)

1. 该零件的名称是________，所用材料是________，它属四大类零件中的________类零件。

2. 该图主视图的画图位置是零件的________位置，投射方向与________，表达方法为________，另一个图样的名称是________，其作用是________。

3. 该零件在结构上可视作________体；左边是一________形________，其定形尺寸为________和________，其上有________个均布的________孔；右边是一外径为________的圆柱，其上下有两对称的________孔与中间的直径为________的圆筒相通；零件的中心有异径通孔，左、右两端通孔的直径为________，其极限偏差值为________，表面粗糙度要求为________，中间圆筒的表面粗糙度要求为________，上下对称孔的定位尺寸为________。

4. 在图中用“↗轴”“↗径”指出零件的轴向和径向主要尺寸基准，按用途分，它们都属于________基准。

5. 零件上有位置公差要求的表面是________、________、________，其公差项目为________，基准是________，它们的表面粗糙度要求是________。

6. 左边安装板上的螺钉孔的定位尺寸是________、________，定形尺寸是________。

7. 画出 C—C 剖视图。

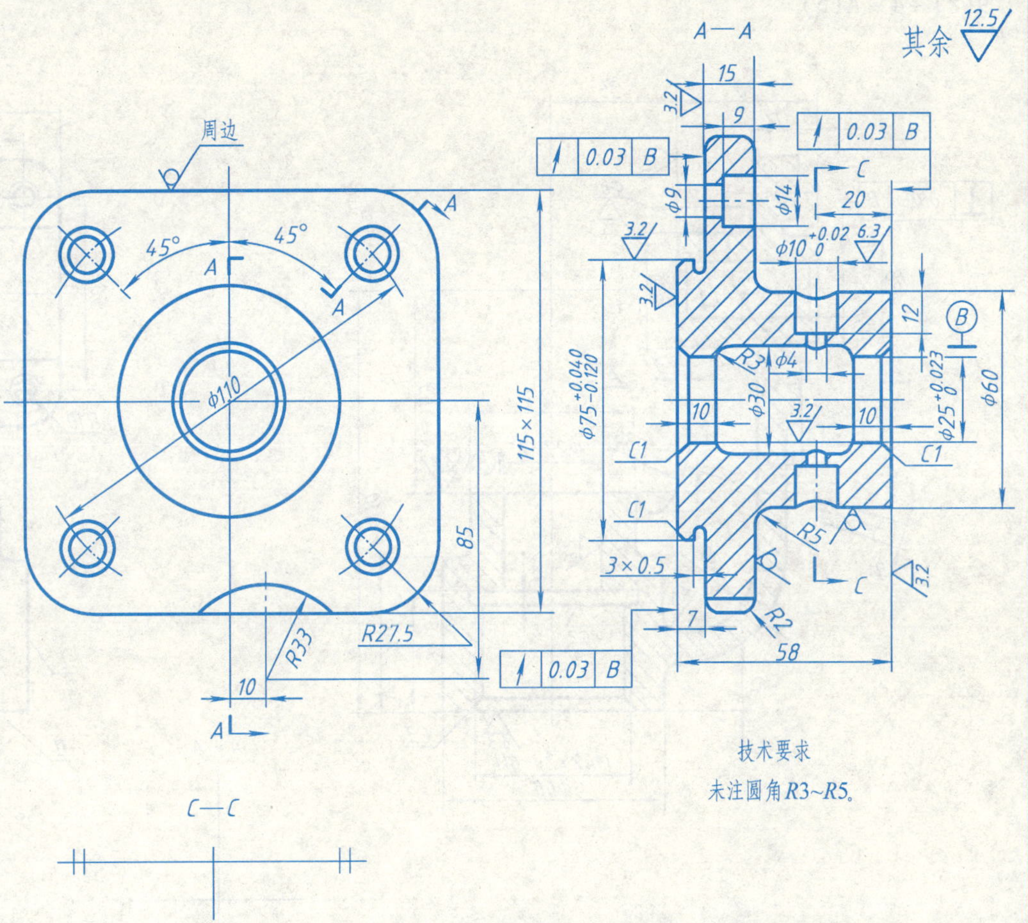

技术要求

未注圆角 $R3\sim R5$。

端 盖		比 例	数 量	材 料	图 号
		1:2		HT150	
制 图					
审 核					

9-8-7 读轴架零件图，完成下列填空和作图任务

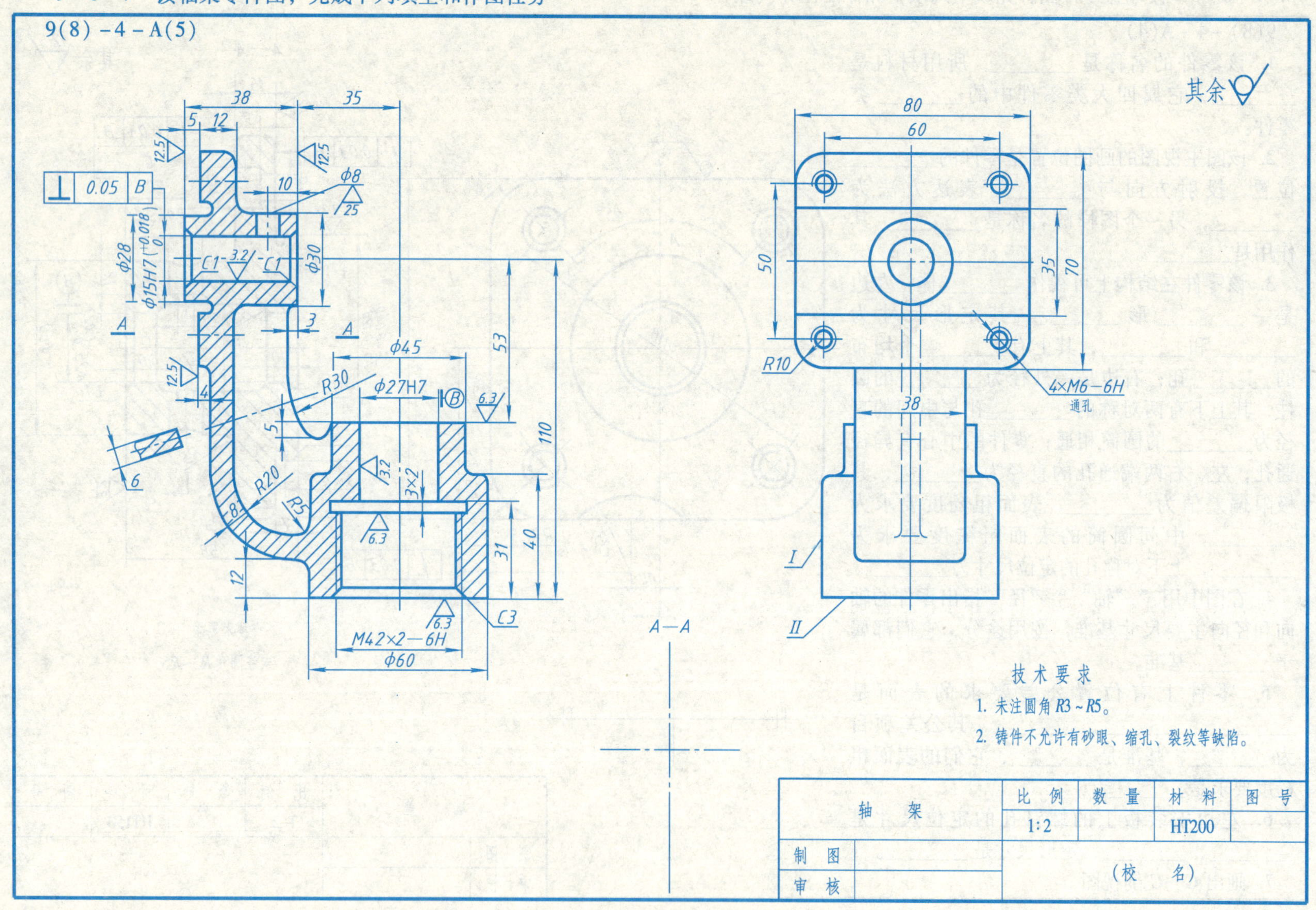

9-8-8 读轴架零件图，完成下列填空和作图任务（续）

1. 该零件的名称是________，所用材料为________，它属于四大类零件中的________类零件。

2. 该图主视图的画图位置是零件的________位置，投射方向为最多、最好地________________的方向，表达方法为________；其它图样有一个________视图，其主要作用是表达________部分和________部分的形状并标注________；还有一个________断面图，其主要作用是________________和________。

3. 该零件在结构上是一个典型的________体，它由________部分、________部分和________部分组成；各部分结构的主要特征分别是：上面部分（即________部分）为____________________、中间部分（即________部分）为________形断面，下面部分（即________部分）为____________________________。

4. 用符号“↗长、↗宽、↗高”在图中指出零件长、宽、高的主要尺寸基准，按用途分类，它们均属于________基准。

5. 上面部分连接板的高度和长度定位尺寸依次为________、________，板的定形尺寸为长（厚）________、宽________、高________，板中间凹槽的宽度为________、槽深为________；板上四个螺孔的定位尺寸为________、________，定形尺寸为________；板的中央有一圆筒，其定位尺寸是高________、长________，定形尺寸是________、________及________，圆筒的左端面凸出连接板________ mm；圆筒的上面还有一圆孔，其定位尺寸为________，定形尺寸为________。

6. 图中显示有位置公差要求的要素是________，其公差项目是________，公差大小是________，基准要素是____________；$\phi15$ 孔的最大完工尺寸为________；最小完工尺寸为________；图中所指的Ⅰ、Ⅱ表面分别是________的________面和________面，它们的表面粗糙度要求依次为________、________。

7. 下面部分上的螺纹种类（牙型）为________螺纹，其大径为________、螺距为________、导程为________、线数为________、旋向为________、极限偏差代号为________。

8. 在图中的指定位置画出 A—A 移出断面图并标注尺寸（包括画图所需的全部尺寸；画图的比例为1:2）。

9-8-9 读拨叉零件图，完成下列填空和作图任务

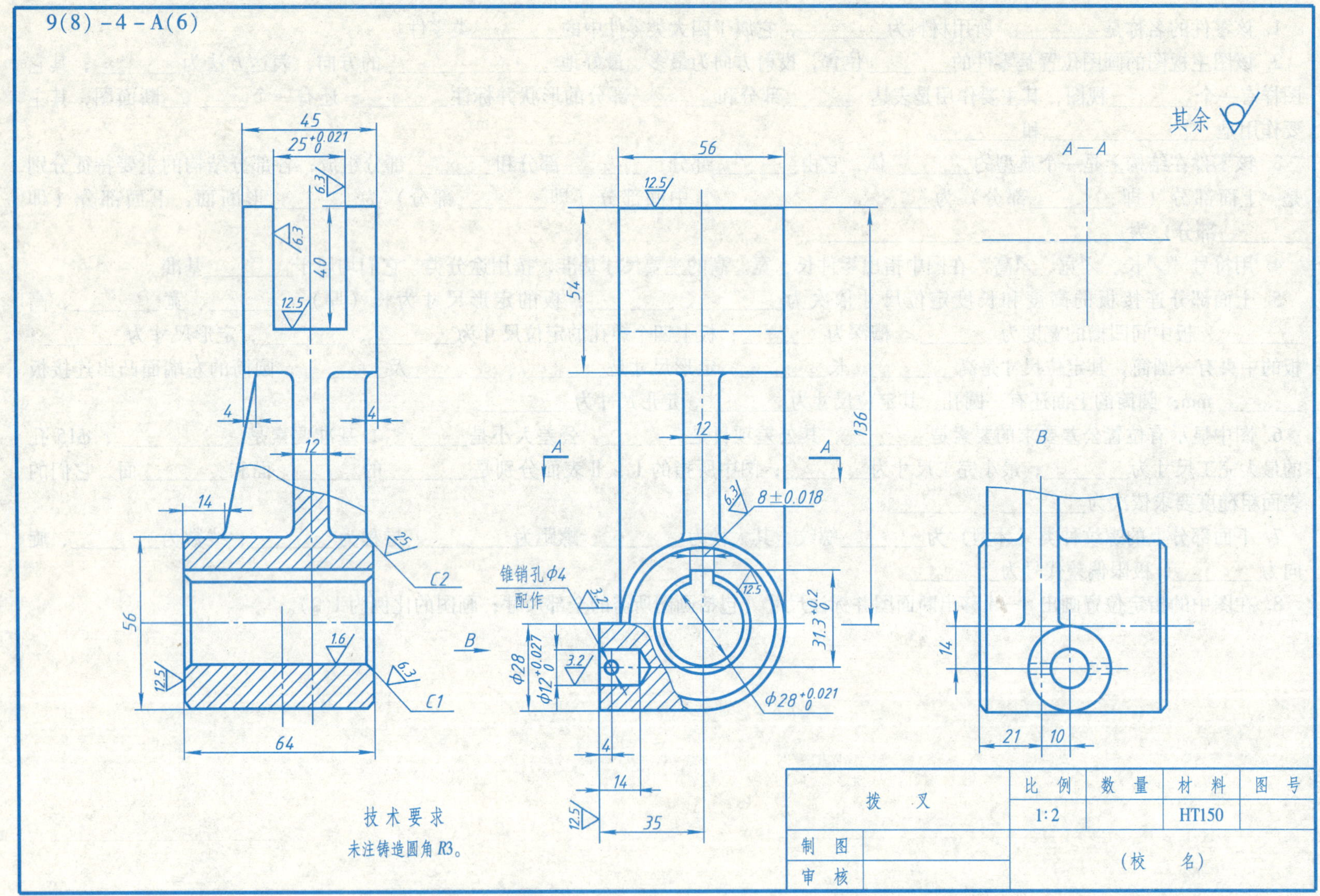

拨 叉		比 例	数 量	材 料	图 号
		1:2		HT150	
制 图		(校 名)			
审 核					

9－8－10　读拨叉零件图，完成下列填空和作图任务（续）

1. 该零件的名称是________，所用材料为________，它属于四大类零件中的________类零件。

2. 该图主视图的画图位置是零件的________位置，投射方向为最多、最好地________________的方向，表达方法为________视图中作________剖；其它图样有一个________视图作________剖，其主要作用是表达________和________的宽度及 ϕ12 孔的形状，并满足标注________和________的需要；还有一个 *B* 向________，其主要作用是______________________________。

3. 该零件在结构上是一个典型的________体，它由________部分、________部分________________部分组成；各部分结构的主要特征分别是：上面部分（即________部分）为____________________，中间部分（即________部分）为________形断面，下面部分（即________部分）为____________________________。

4. 用符号“↗长、↗宽、↗高”在图中指出零件长、宽、高的主要尺寸基准，按用途分类，它们均属于________基准。

5. 上部（叉槽）的定位尺寸有________，定形尺寸有________、________、________、________、________；下部（圆筒）的定形尺寸有________、________、________，它不需注定位尺寸的原因是____________________________；圆筒内键槽的宽为________、深为________（均指基本尺寸，不计尺寸偏差）。

6. 叉槽宽度的最大完工尺寸为________、最小完工尺寸为________，其两侧面的表面粗糙度为________、槽底的表面粗糙度为________、外表的顶面表面粗糙度为________、左右两侧面为________、前后两侧面为________；下面圆筒内径的最大完工尺寸为________、最小完工尺寸为________，其上各表面的表面粗糙度要求分别是：筒壁为________、左右两端面为________、倒角为________、柱面为________、键槽两侧面为________、键槽底面为________；ϕ28 钻孔凸台后端面的表面粗糙度为________，ϕ12 孔的表面粗糙度为________，锥销孔的表面粗糙度为________；其它非机加工面的表面粗糙度为________。

7. 锥销孔 ϕ4 应________作。

8. 在图中的指定位置画出 *A*—*A* 移出断面图并标注尺寸（包括画图所需的全部尺寸；画图的比例为 1∶2）。

9－8－11　读座体零件图，完成下列填空题

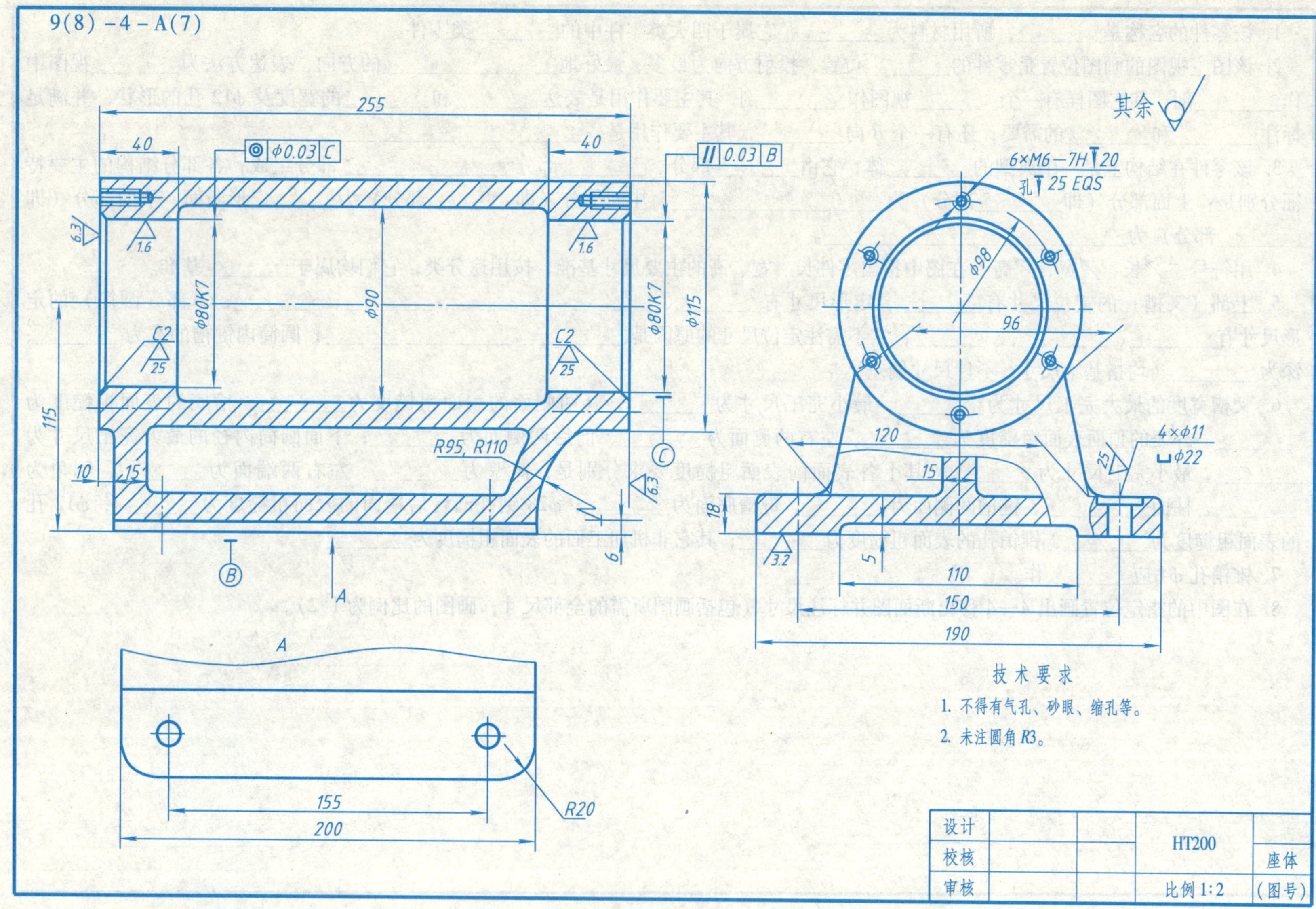

9-8-12 读座体零件图，完成下列填空题（续）

1. 该零件的名称是________，所用材料为________，它属于四大类零件中的________类零件。

2. 该图主视图的画图位置是零件的________位置，投射方向是最多、最好地________的方向，表达方法为________；其它图样有一个________视图作________剖，其主要作用是表达________部分和________部分的形状并标注________方向的尺寸；还有一个 *A* 向________，其主要作用是表达________和标注________。

3. 该零件在结构上是一个________体，它由上面的________部分、中间的________部分和下面的________部分组成；各部分的主要结构特征分别是：上面是一个________、中间是一个________字形断面板、下面是一块底部带________的________形安装板，其四个角上有________孔。

4. 用符号“↗长、↗宽、↗高”在图中指出零件长、宽、高的主要尺寸基准，按用途分类，它们均属于________基准。

5. 上面部分的定位尺寸有________，定形尺寸（仅指主要结构的定形尺寸）有________、________、________、________；下面部分的定位尺寸有________，定形尺寸有（长）________、（宽）________、（厚）________，其上螺栓孔的定位尺寸为________、________，定形尺寸为________；中间部分的板厚为________，*R*95、*R*110 是________尺寸。

6. 两 ϕ80 孔的极限偏差代号为________；右端 ϕ80 孔的________对________的位置公差要求项目为________、公差值为________，左端 ϕ80 孔的________对________的位置公差要求项目为________、公差值为________；座体上面圆筒两端面的表面粗糙度要求为________，ϕ80 轴承孔表面的粗糙度要求为________，座体底板机加工表面的粗糙度要求为________，倒角的表面粗糙度要求为________，螺栓孔的表面粗糙度要求为________，其余表面的粗糙度要求为________。

7. 6×M6-7H↧20/孔↧25EQS 的含义分别为：6 表示________、M6 表示________、7H 表示________、↧20 表示________，孔↧25 表示________、EQS 表示________，此结构的定位尺寸为________。

9－8－13　读箱体零件图，完成下列填空题

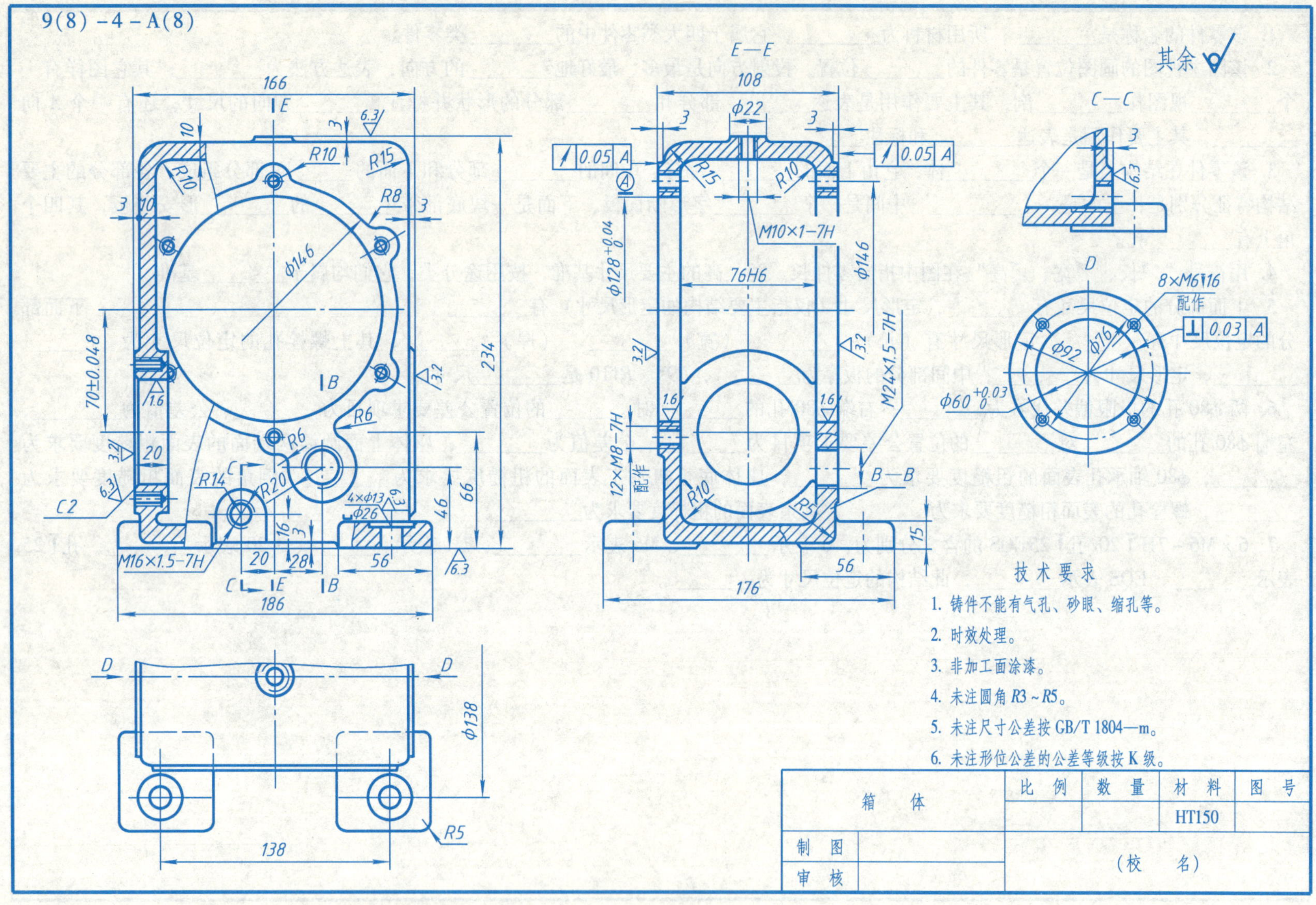

9-8-14 读箱体零件图，完成下列填空题（续）

1. 该零件的名称是________，所用材料为________，它属于四大类零件中的________类零件。

2. 该图主视图的画图位置是零件的________位置，投射方向是最多，最好地________________的方向，表达方法是________视图再作了两处________；其它图样共有________个，其中：$E-E$ 为________视图作________剖、$C-C$ 为________剖视图、D 为________视图、主视图下方为________的________画法。

3. 该零件在结构上是一个________体，其主体部分是一个长为________、宽为________的箱体，箱的壁厚为________和________，中间是一个________形空腔，可以容纳蜗轮蜗杆，前、后壁的上部有直径为________的孔，其四周各有________个大小为________的螺孔，左、右壁的下部有直径为________的孔，其四周有________个大小为________的螺孔；次要部分是下面的________块带沉孔的________形板，通常可把它们叫做________板。

4. 用符号"↗长、↗宽、↗高"在图中指出零件长、宽、高的主要尺寸基准，按用途分类，它们均属于________基准；高度方向是否有辅助基准？如有请用符号"↗高辅"在图中指出。

5. 12×M8-7H 的含义是：12 为________、M8 为________、7H 为________，该螺纹的旋向是________，这些螺孔的定位尺寸是________；8×M6↧16 中，↧16 的含义是________________，配作是要求________________，这些螺孔的定位尺寸是________；箱体下面带沉孔的板的定形尺寸（长、宽、高）为________、________、________，定位尺寸（长、宽）为________、________；该零件的总体尺寸（长、宽、高）为________、________、________。

6. $\phi 128$ 孔的最大完工尺寸为________、最小完工尺寸为________，$\phi 60$ 孔的最大完工尺寸为________、最小完工尺寸为________，两孔的高度定位尺寸分别为________和________，两孔在高度方向的距离最大为________，最小为________；$\phi 60$ 孔的________的位置公差要求项目是________，大小是________，其基准是________的________；| ↗ | 0.05 | A | 的含义为：被测要素是________、公差要求项目是________、公差值为________、基准要素是________；箱体表面的粗糙度要求（机加工部分）前后为________，左右为________，$\phi 128$ 和 $\phi 60$ 孔壁分别为________和________。

第十章 标准件和常用件的表示法

10-1 螺纹及螺纹紧固件的表示法

试题：螺纹及螺纹联接的规定画法

10-1-1 根据题目要求作图

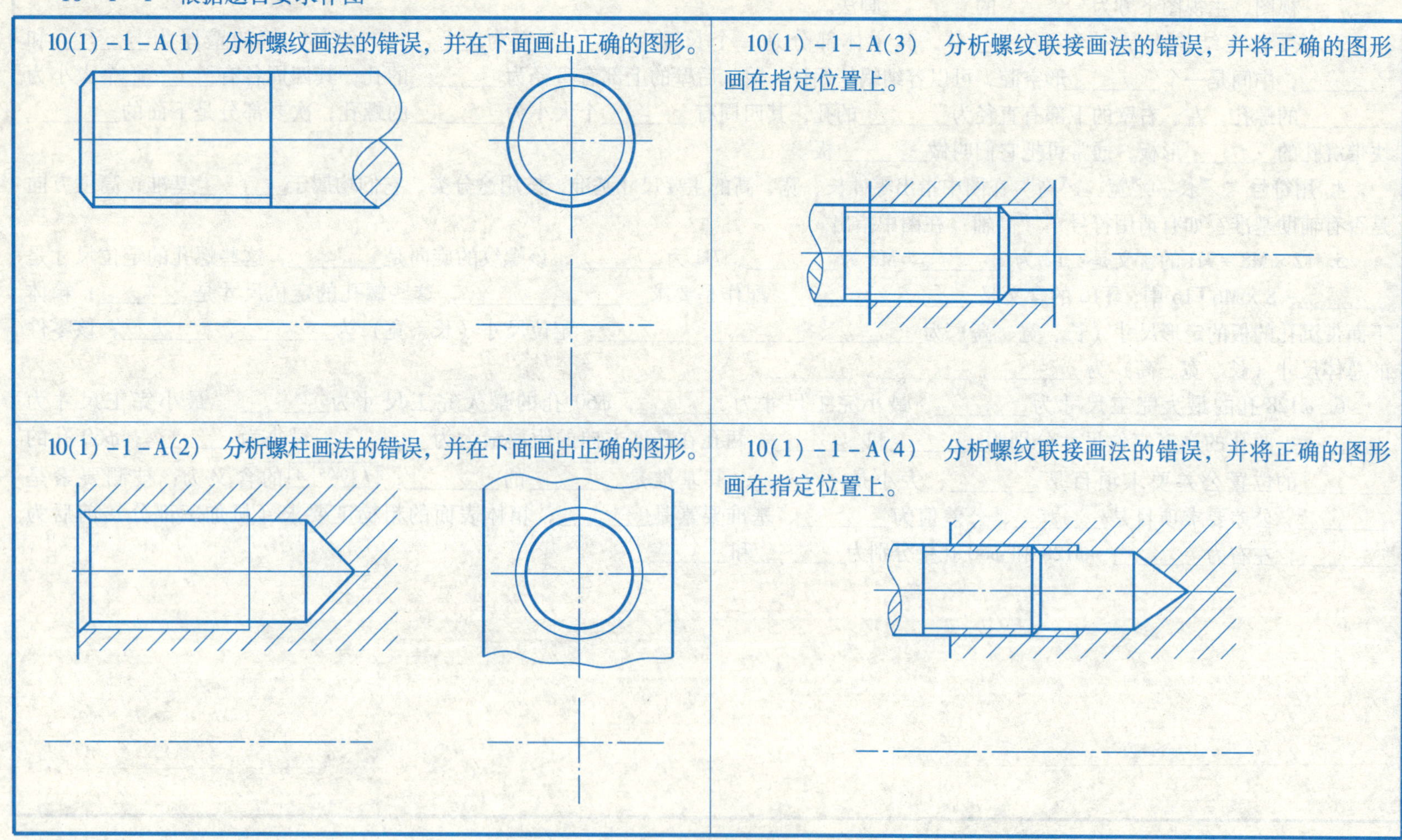

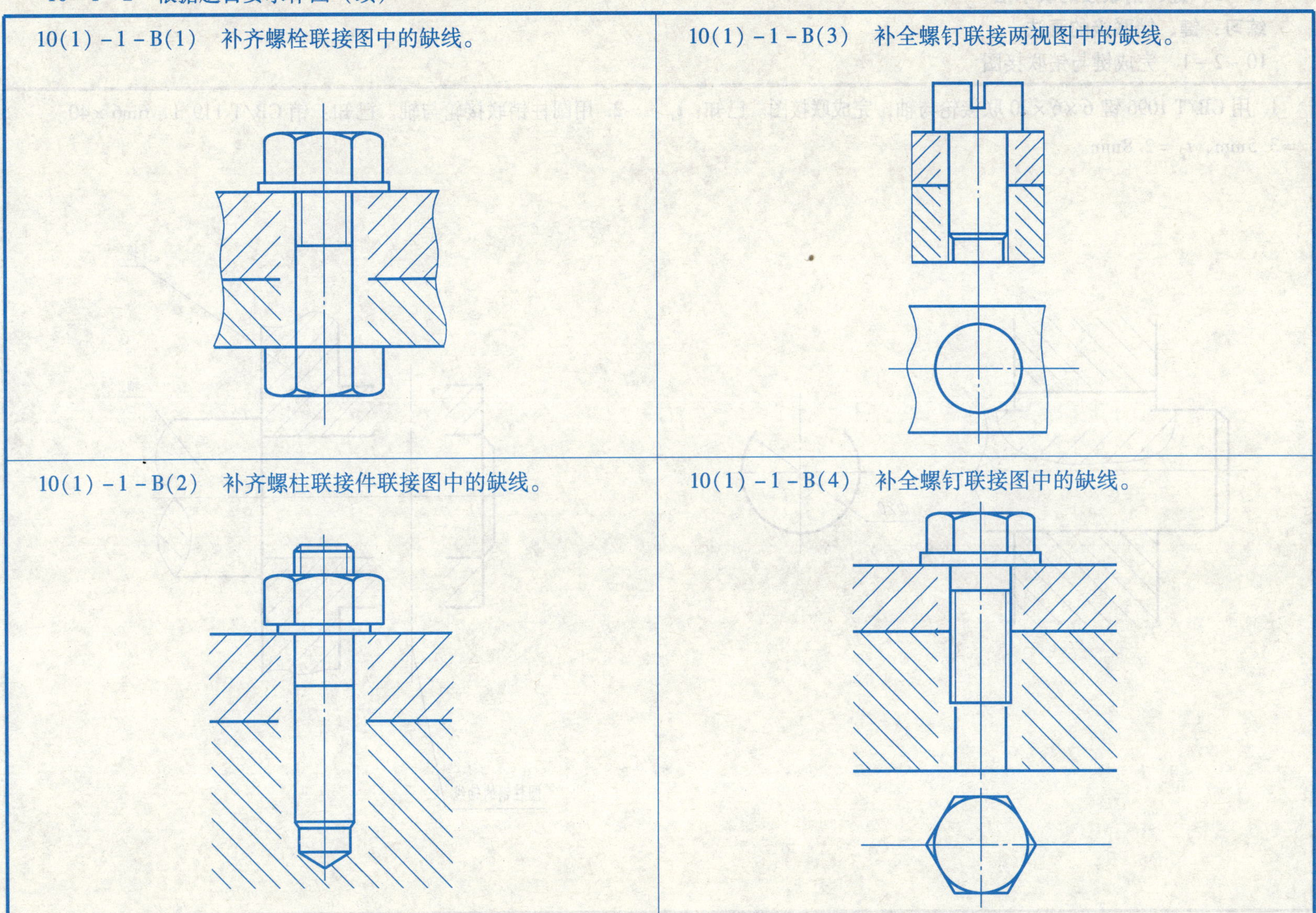
10(1)－1－B(1)　补齐螺栓联接图中的缺线。
10(1)－1－B(3)　补全螺钉联接两视图中的缺线。
10(1)－1－B(2)　补齐螺柱联接件联接图中的缺线。
10(1)－1－B(4)　补全螺钉联接图中的缺线。

10-2　键、销联接的表示法

练习：键、销联接的画法

10-2-1　完成键与销联接图

1. 用 GB/T 1096 键 6×6×20 联接轮与轴，完成联接图。已知：t_1 =3.5mm，t_2 =2.8mm。

2. 用圆柱销联接轮与轴。已知：销 GB/T 119.1　6m6×40。

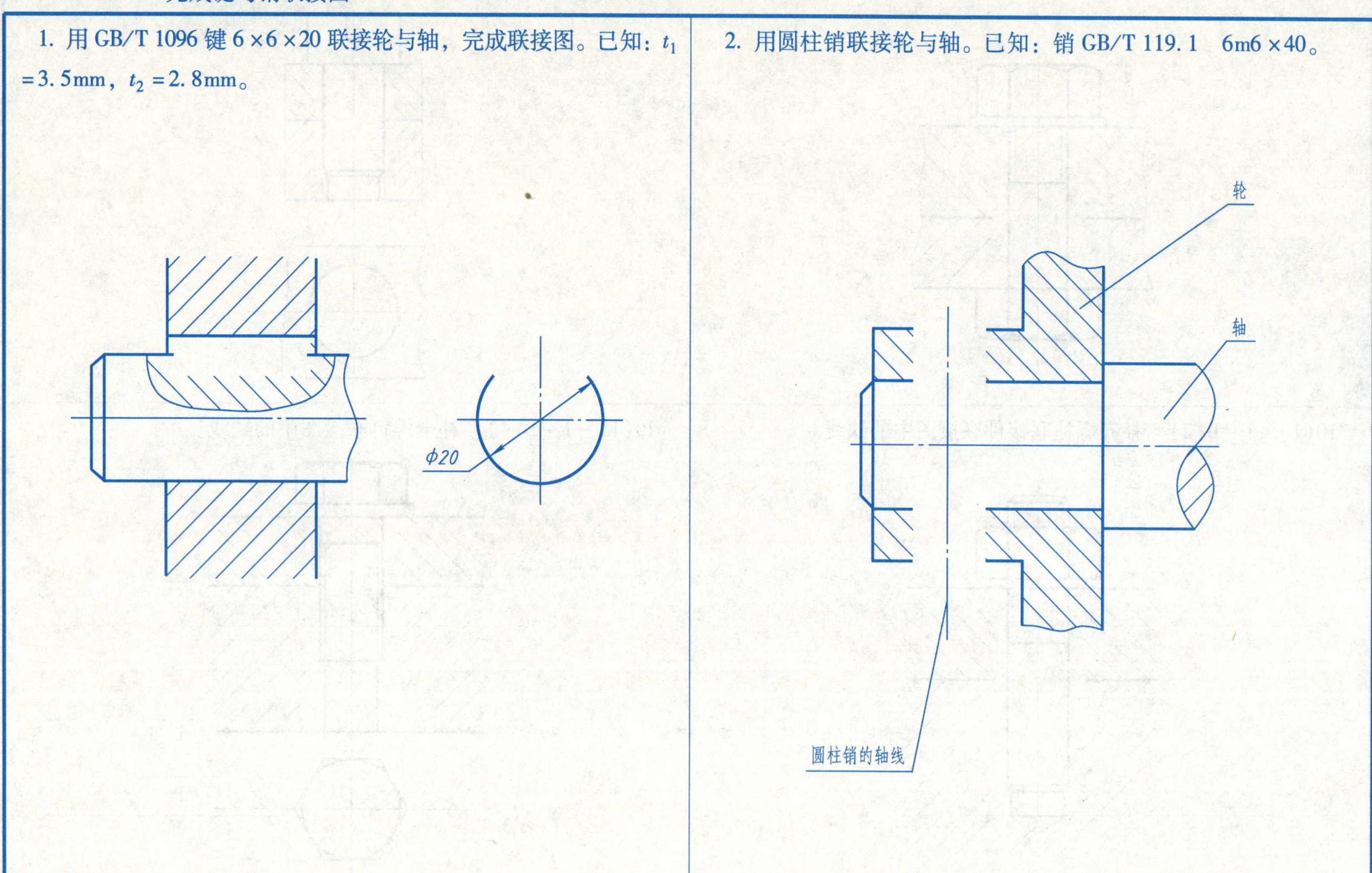

10-4 直齿圆柱齿轮的规定画法

练习：直齿圆柱齿轮的画法

10-4-1 按要求作图

1. 已知直齿圆柱齿轮的主要参数为：模数 $m=2.5\text{mm}$，齿数 $z=20$，齿宽 $b=20\text{mm}$。按 1∶1 画出该齿轮的主、左两视图，并标注齿顶圆、分度圆直径和齿宽、键槽（查表）的尺寸。

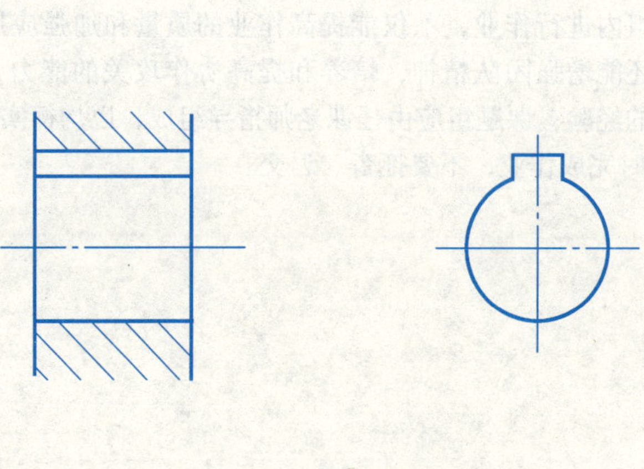

2. 已知一对直齿圆柱齿轮的主要参数为：模数 $m=2.5\text{mm}$，齿数 $z_1=18$，$z_2=25$，齿宽 $b=20\text{mm}$。按 1∶1 画出直齿圆柱齿轮啮合图，并标出中心距。

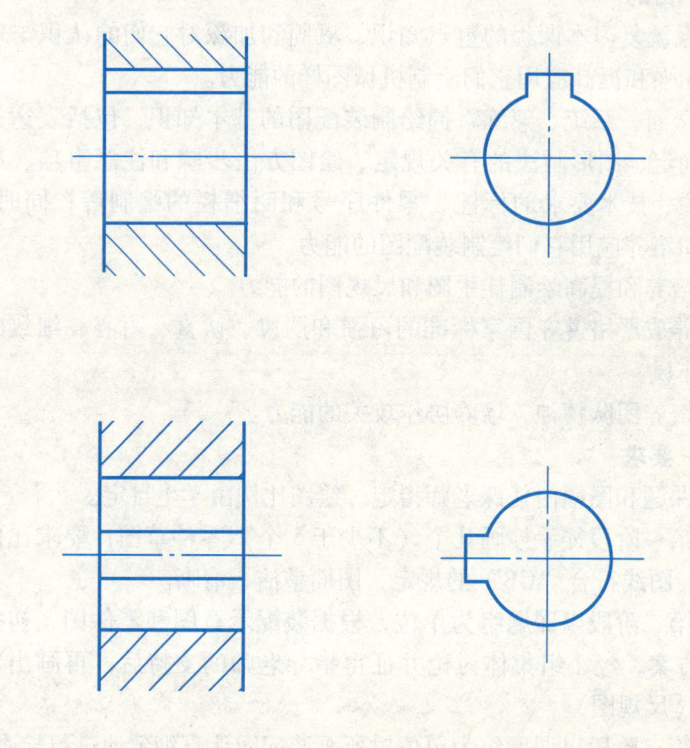

第十一章　装配图的绘制与识读

11－2　装配图的画法与绘制

No. 7 大型作业：根据零件图画装配图

11－2－1　大型作业指导书

大型作业指导书

一、目的

1. 系统复习本课程的重点知识，巩固和加深对它们的认识与理解，加强和提高应用它们绘制机械图样的能力。

2. 全面、系统、熟练掌握绘制装配图的基本知识，包括表达方案的确定、图形画法的有关规定、绘图方法步骤和注意事项、尺寸标注、技术要求的标注、零件序号和明细栏的编制等；同时，练习和培养应用它们绘制装配图的能力。

3. 培养和提高绘制徒手图和尺规图的能力。

4. 养成严格遵守国家标准的习惯和严肃、认真、耐心、细致的工作作风。

5. 培养团队精神，培养协作攻关的能力。

二、要求

1. 课题和图幅由任课老师指定，绘图比例由学生自定。

2. 第一阶段徒手抄画几个（不少于5个）零件草图；要求比例合理，图线符合“GB”的规定，图面整洁、清晰。

3. 第二阶段以课题组为单位，根据装配示意图和零件图，初拟表达方案，经小组集体讨论并征得指导老师的支持后，再画出装配图（尺规图）。

4. 第三阶段以课题组为单位对所画装配图认真细致地进行检查，确认无误后，再商定标注尺寸和技术要求，编制零件序号和明细栏等内容。

三、注意

1. 要作好充分的准备工作。

绘图前，一定要认真复习课本（第十一章的一、二、三节的内容），熟练掌握绘制装配图的基本知识。

2. 要成立课题组。

在课题组内进行作业，不仅能提高作业的质量和加强应用知识的能力，还能增强团队精神，培养和提高协作攻关的能力，积累协作攻关的经验；课题组应由任课老师指导组成，以均衡实力。

3. 要按时完成作业，不要拖沓、迟交。

11－2－2　根据千斤顶装配示意图及零件图画出装配图

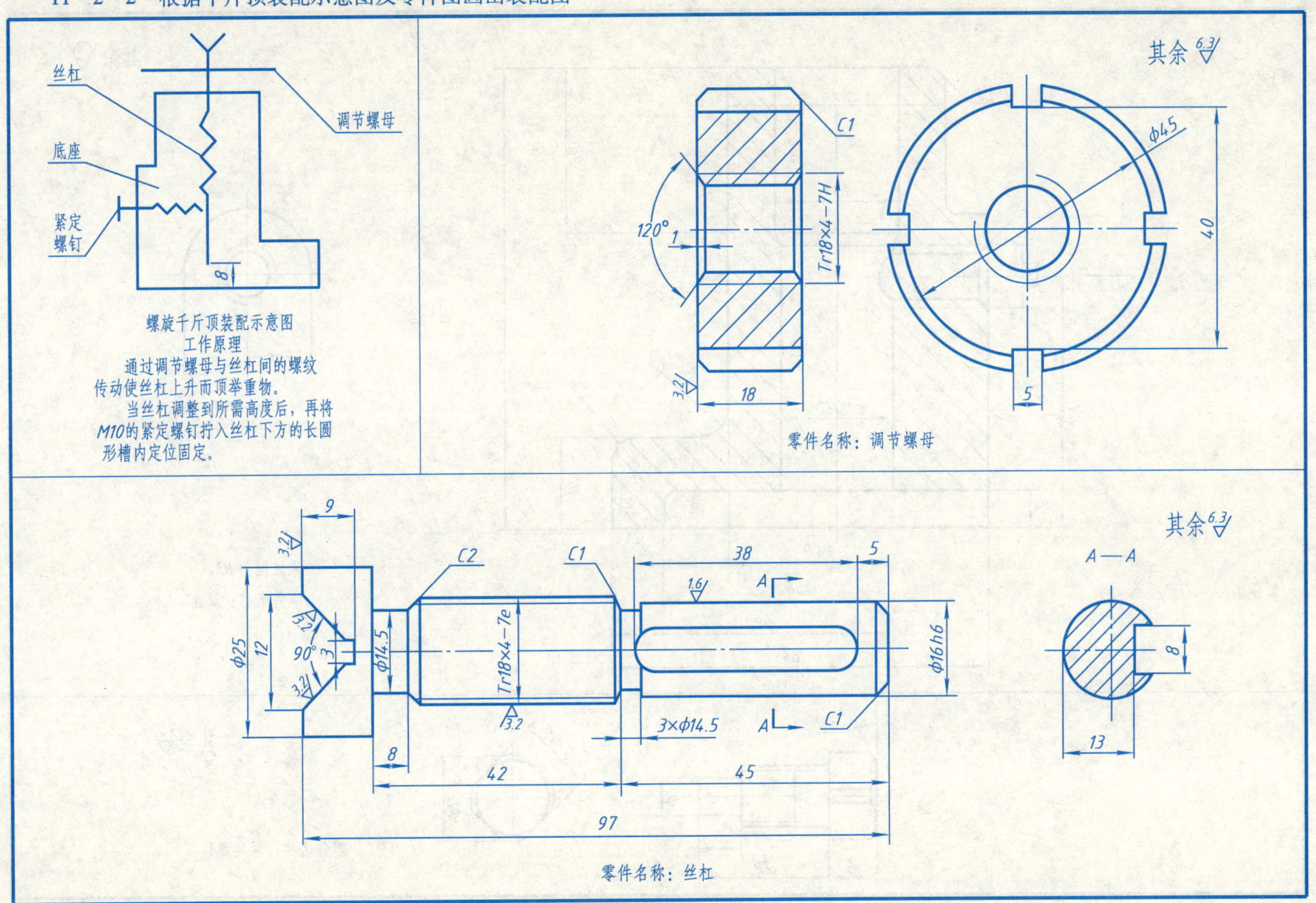

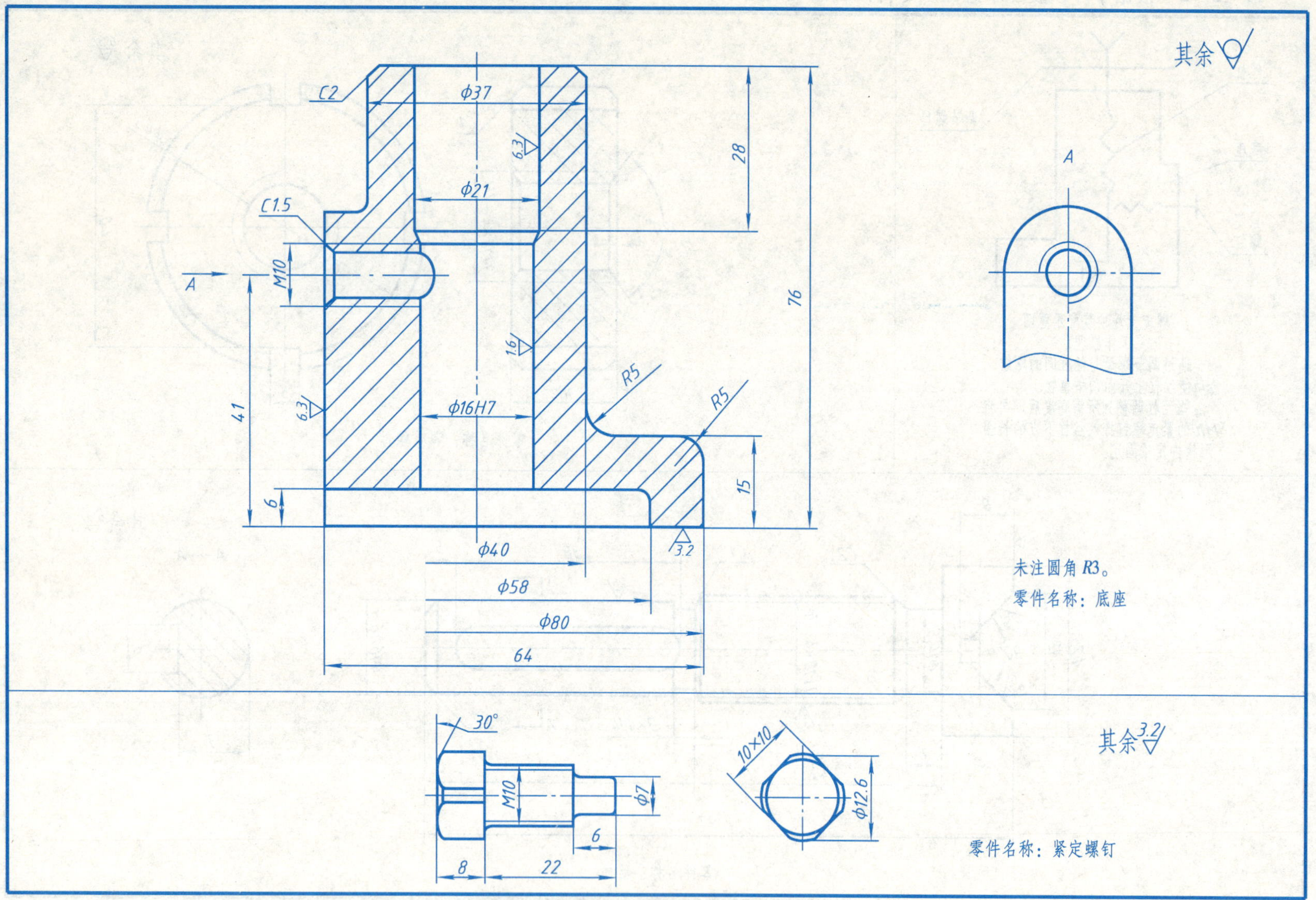
其余
C2
ϕ37
6.3
28
ϕ21
C1.5
A
M10
76
1.6
R5
R5
41
6.3
ϕ16H7
15
6
3.2
ϕ40
ϕ58
ϕ80
64
A
未注圆角R3。
零件名称：底座
30°
10×10
其余3.2
M10
ϕ7
ϕ12.6
6
8
22
零件名称：紧定螺钉

11－2－4　根据机用虎钳装配示意图及零件图拼画装配图

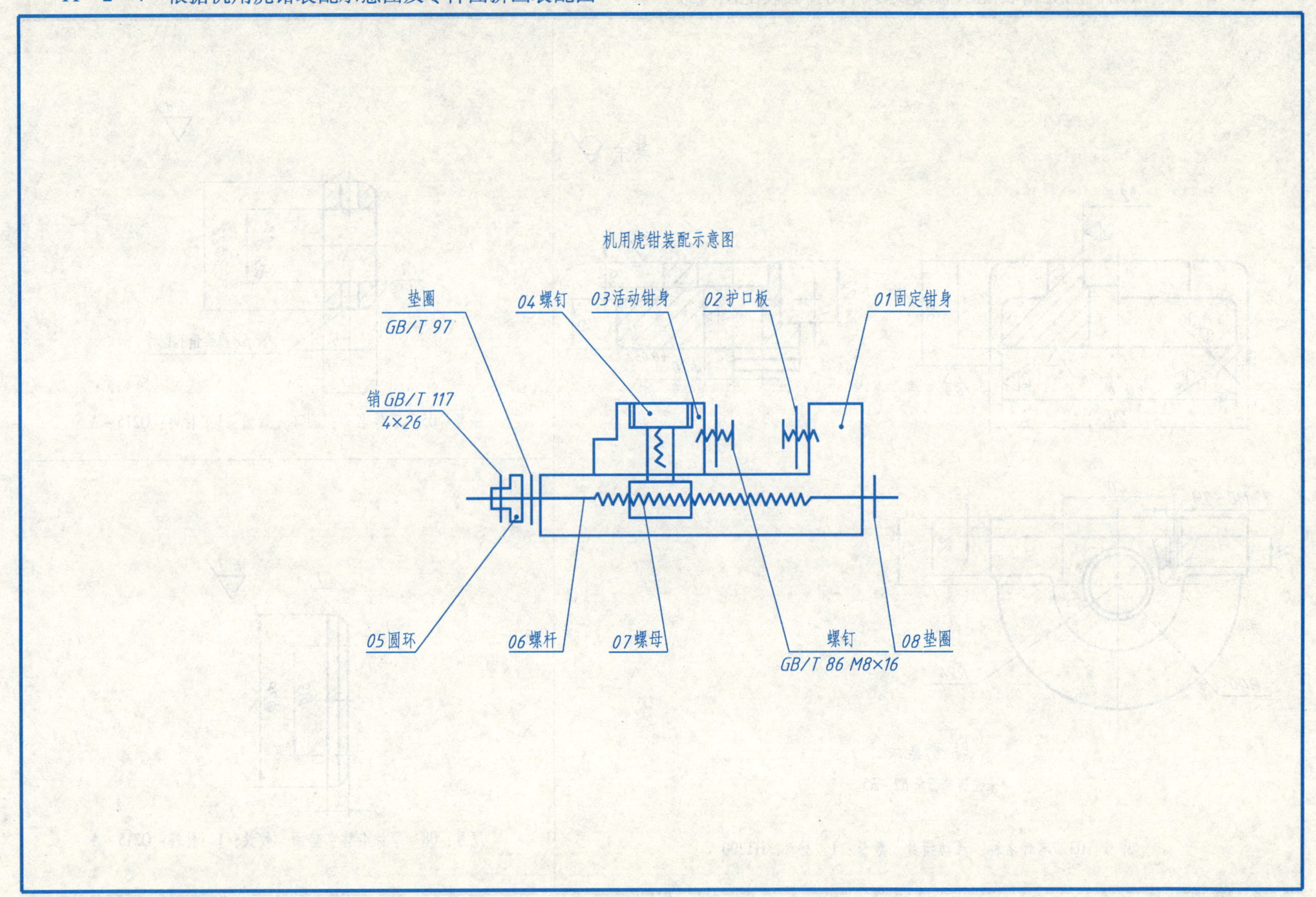

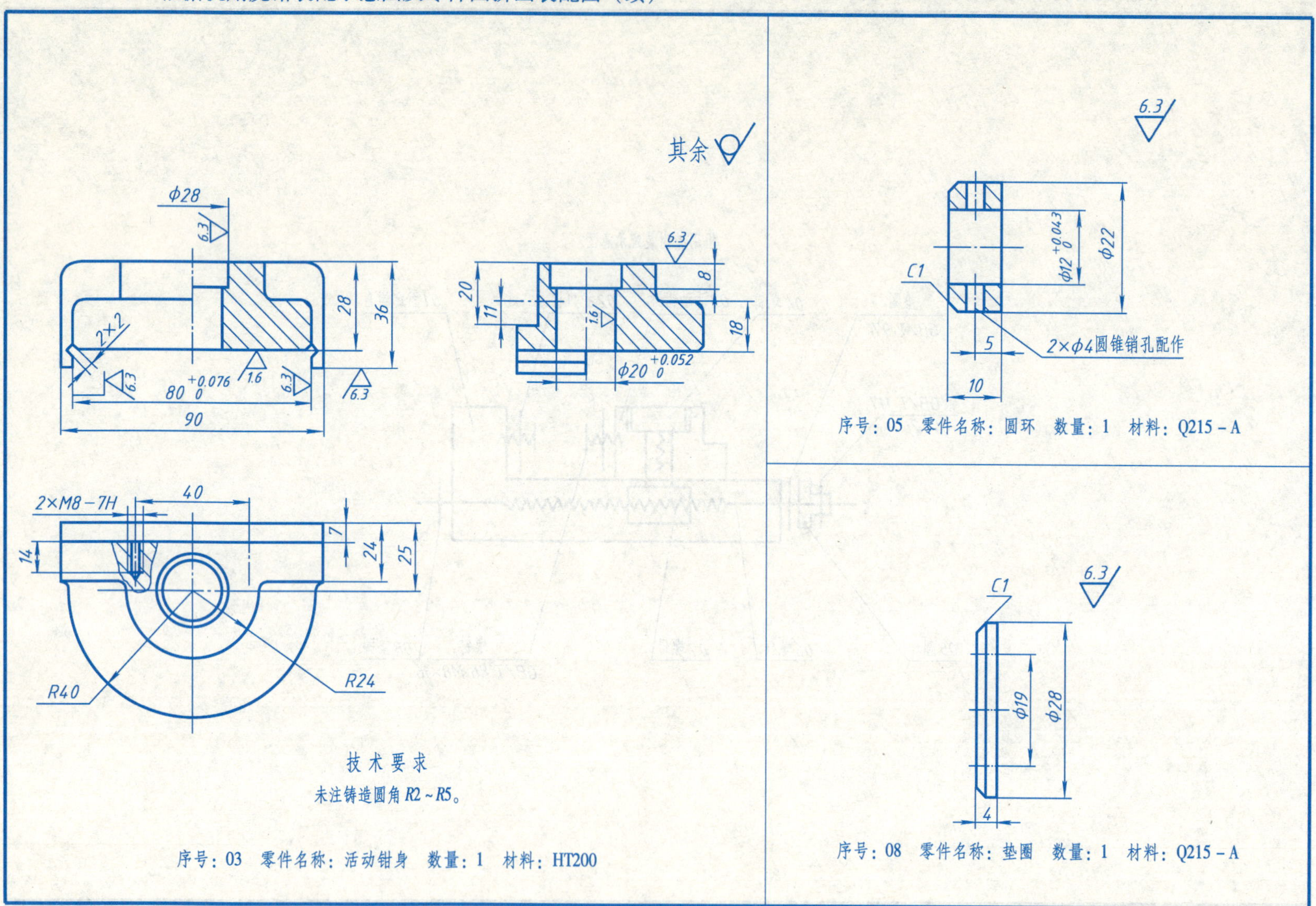
其余
φ28
6.3
28
36
2×2
1.6
80 +0.076 0
90
6.3
8
20
11
1.6
18
φ20 +0.052 0
2×M8-7H
40
7
14
24
25
R40
R24
技术要求
未注铸造圆角R2～R5。
序号：03 零件名称：活动钳身 数量：1 材料：HT200
φ12 +0.043 0
φ22
C1
5
10
2×φ4圆锥销孔配作
序号：05 零件名称：圆环 数量：1 材料：Q215-A
C1
φ19
φ28
4
序号：08 零件名称：垫圈 数量：1 材料：Q215-A

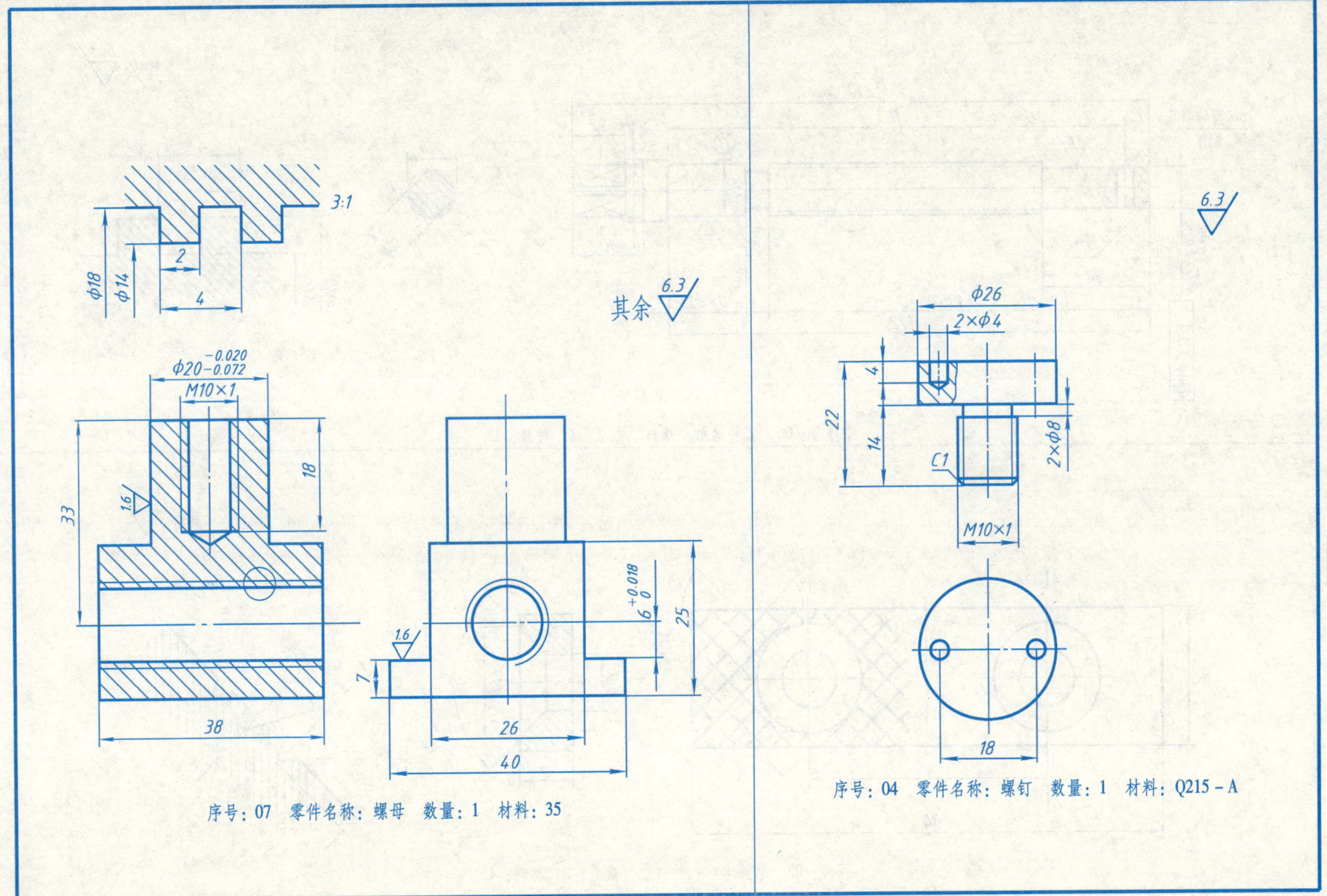

序号：07　零件名称：螺母　数量：1　材料：35

序号：04　零件名称：螺钉　数量：1　材料：Q215－A

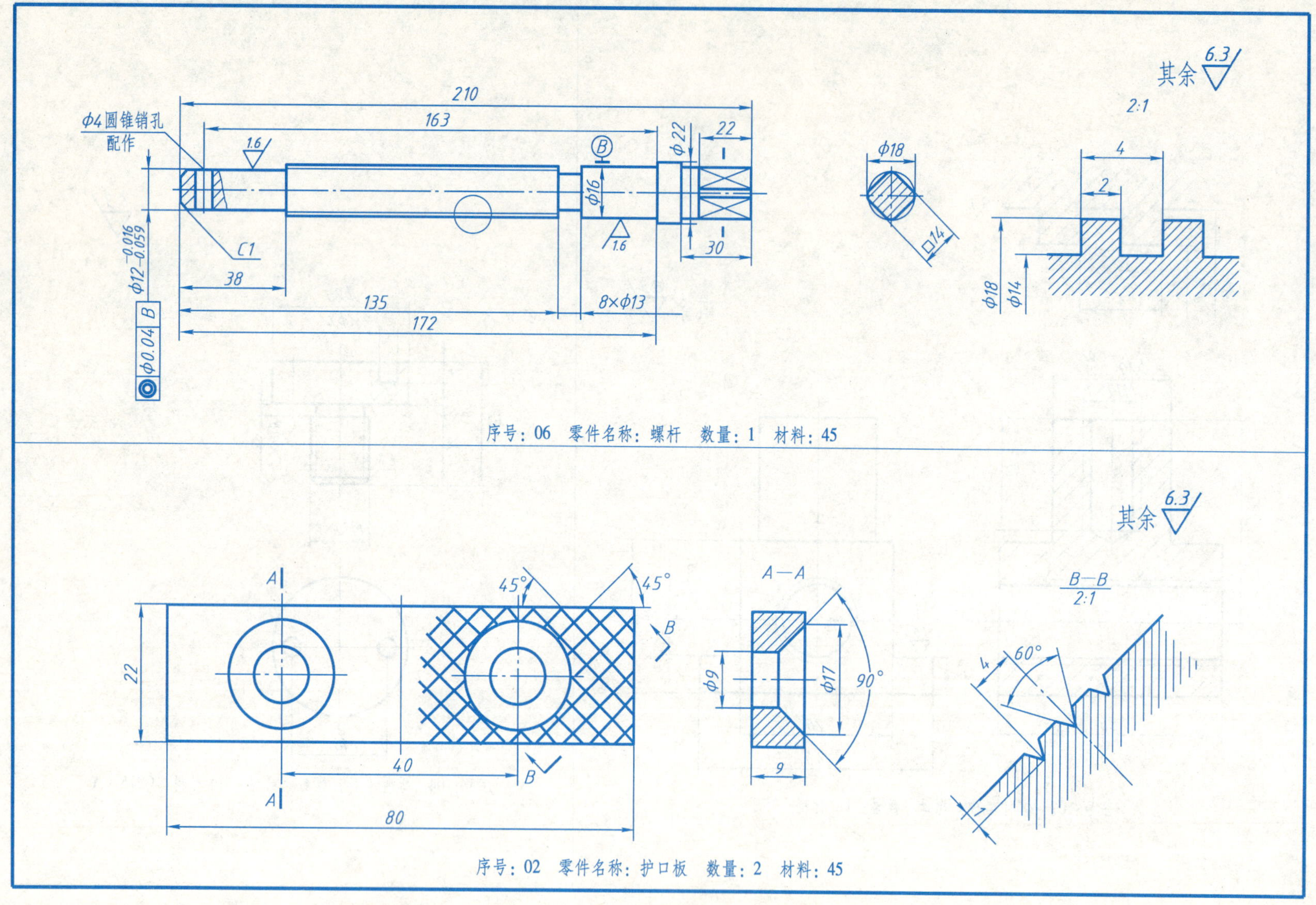
其余 6.3
2:1
210
163
ϕ4圆锥销孔
配作
1.6
ϕ22
22
ϕ18
4
2
ϕ16
1.6
C1
30
□14
$\phi 12^{-0.016}_{-0.059}$
38
135
8×ϕ13
172
ϕ18
ϕ14
ϕ0.04 B
序号：06　零件名称：螺杆　数量：1　材料：45
其余 6.3
A
45°
45°
A—A
B—B
2:1
B
22
ϕ9
ϕ17
90°
60°
4
40
B
9
A
80
1
序号：02　零件名称：护口板　数量：2　材料：45

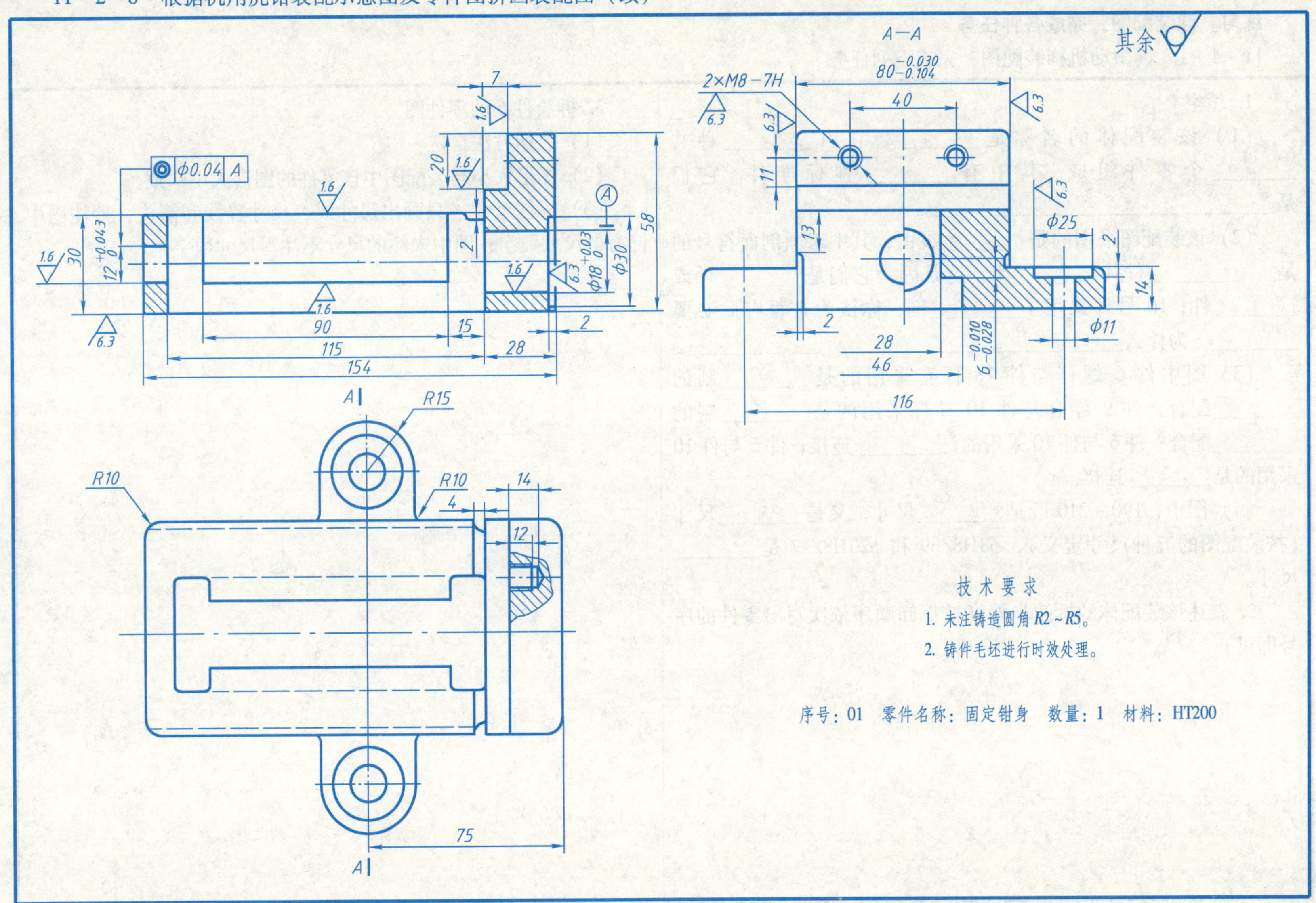

技术要求

1. 未注铸造圆角R2～R5。

2. 铸件毛坯进行时效处理。

序号：01　零件名称：固定钳身　数量：1　材料：HT200

11-4 读装配图

练习 读装配图，完成各种任务

11-4-1 读微动机构装配图，完成下列任务

1. 填空

（1）该装配体的名称是________，它由________种共________个零件组成，其中有________种标准件，它们是________________________________。

（2）该装配图采用的是________视图，其中未画剖面符号的是__________件共________个，这是因为它们是________件或________件；10 号件采用了________剖，你认为是否有此必要________，为什么________________________________。

（3）图中件 6 螺杆与件 13 杆套采用的是________制的________配合，件 9 导套与件 10 导杆采用的是________制的________配合；件 6 与件 10 采用的是________连接；件 5 与件 10 采用的是________连接。

（4）图中，190～210 既是________尺寸，又是________尺寸（按装配图的五种尺寸定义），ϕ8H8/h9 和 ϕ20H8/k7 是________尺寸。

2. 叙述该装配体的拆卸步骤（按拆卸顺序依次写出零件的序号即可）

3. 拆绘件 6 的零件图

（1）表达方法自定。

（2）图形大小与装配图中该零件的图形大小一致。

（3）标注尺寸（只画出尺寸线、尺寸界线和箭头，抄注图中已有的尺寸数字；图中未注的尺寸不注写尺寸数字）。

11－4－2 微动机构装配图

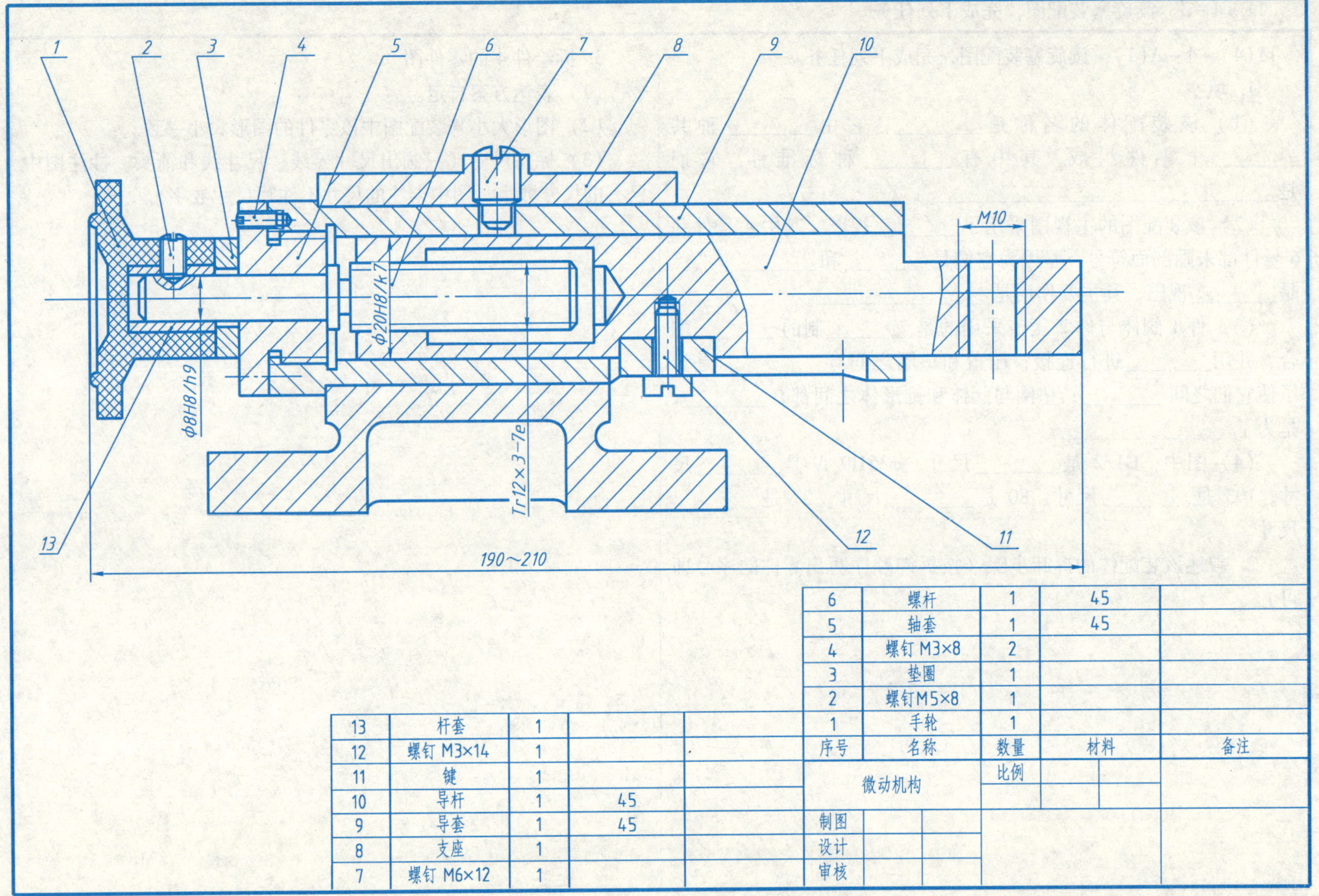

序号	名称	数量	材料	备注
13	杆套	1		
12	螺钉 M3×14	1		
11	键	1		
10	导杆	1	45	
9	导套	1	45	
8	支座	1		
7	螺钉 M6×12	1		
6	螺杆	1	45	
5	轴套	1	45	
4	螺钉 M3×8	2		
3	垫圈	1		
2	螺钉M5×8	1		
1	手轮	1		

试题：读装配图，完成各种任务

11 -4 -3　读旋塞装配图，完成下列任务

11(4) -4 - A(1)　读旋塞装配图，完成下列任务

1. 填空

(1) 该装配体的名称是________，它由________种共________个零件组成，其中有________种标准件，它们是________________________________。

(2) 该装配图的主视图采用了________视图，其中 4 号件和 6 号件都未画剖面符号，是因为它们是________和________；“*A*”是________视图，其主要作用是________________。

(3) 件 1 阀体与件 2 压盖采用的是________制的________配合，并用________进行连接；压盖和垫圈之间有________，是为了使它们之间________；垫圈与阀体和锥形体之间都有________，是为了________________。

(4) 图中，G1/2 是________尺寸，ϕ35H9/f9 是________尺寸，103 是________尺寸，80 是________尺寸，27 是________尺寸。

2. 叙述该装配体的拆卸步骤（按拆卸顺序写出零件的序号即可）

3. 拆绘件 4 的零件图

(1) 表达方案自定。

(2) 图形大小与装配图中该零件的图形大小一致。

(3) 标注尺寸（只画出尺寸界线、尺寸线和箭头，抄注图中已有的尺寸数字，图中未注的尺寸不注写尺寸数字）。

11-4-4 旋塞装配图

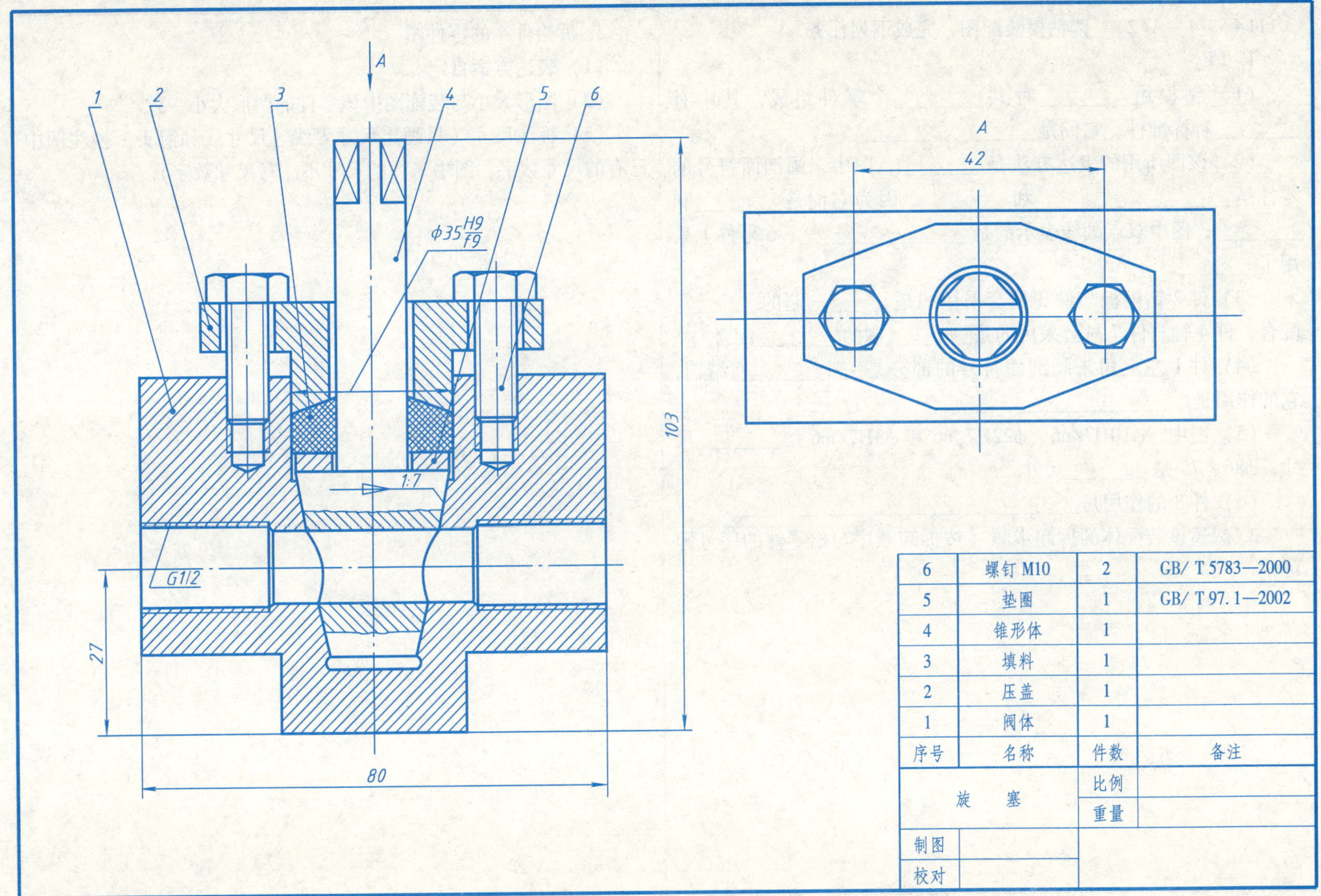

6	螺钉 M10	2	GB/ T 5783—2000
5	垫圈	1	GB/ T 97. 1—2002
4	锥形体	1	
3	填料	1	
2	压盖	1	
1	阀体	1	
序号	名称	件数	备注
旋　塞		比例	
		重量	
制图			
校对			

11(4)-4-A(2) 读钻模装配图，完成下列任务

1. 填空

（1）钻模由________种共________个零件组成，其中有________种标准件，它们是________________。

（2）该图所用的表达方法是________，图中未画剖面符号的零件是________、________和________，因为它们是________和________；图中双点画线表示的是________________；6号件上采用了________。

（3）件2钻模板与件3钻套采用的是________制的________配合，件4轴与件7衬套采用的是________制的________配合。

（4）件1左上角未画剖面符号的部分是一个________结构，它的作用是________________。

（5）图中，ϕ10H7/n6、ϕ22H7/n6和ϕ3H7/m6是________尺寸，ϕ86、75是________尺寸。

（6）件8的作用是________________________________。

2. 叙述该装配体的拆卸步骤（按拆卸顺序写出零件的序号即可）

3. 拆绘件4的零件图

（1）表达方案自定。

（2）图形大小与装配图中该零件的图形大小一致。

（3）标注尺寸（只画出尺寸界线、尺寸线和箭头，抄注图中已有的尺寸数字，图中未注的尺寸不注写尺寸数字）。

11-4-6 钻模装配图

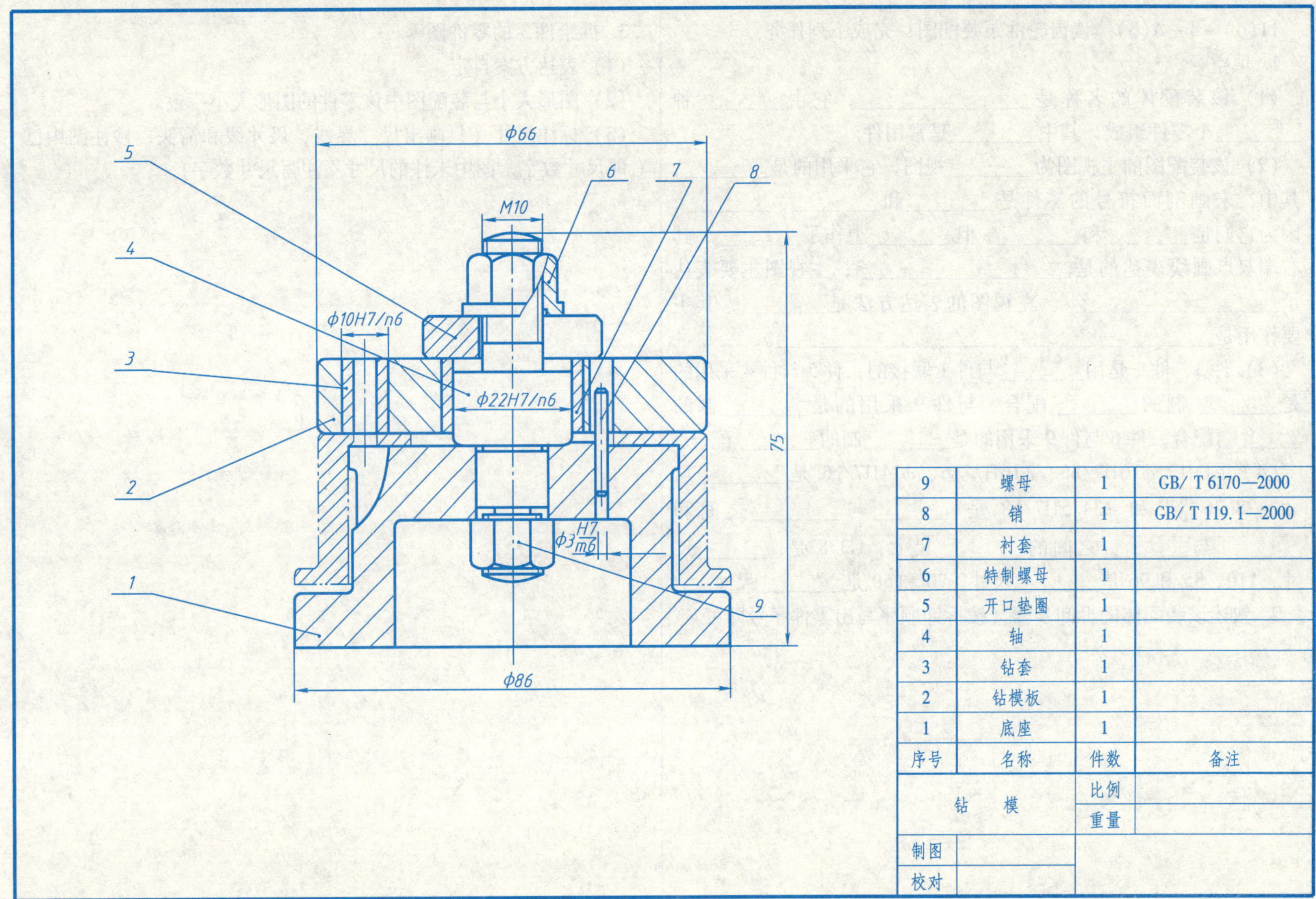

9	螺母	1	GB/ T 6170—2000
8	销	1	GB/ T 119. 1—2000
7	衬套	1	
6	特制螺母	1	
5	开口垫圈	1	
4	轴	1	
3	钻套	1	
2	钻模板	1	
1	底座	1	
序号	名称	件数	备注

钻　模		比例	
		重量	
制图			
校对			

11 -4 -7 读齿轮油泵装配图，完成下列任务

11(4) -4 - A(3) 读齿轮油泵装配图，完成下列任务

1. 填空

(1) 该装配体的名称是________________，它由________种________个零件组成，其中________是常用件。

(2) 该装配图的主视图为________视图，它采用的是________，其中，未画剖面符号的零件是________和________、________，因为它们是________和________，但________上作了________，其右端双点画线表达的是____________________；主视图主要表达了____________________。左视图的表达方法是________，其主要作用是____。

(3) 件3、件9是用________与件1联接的，件5与件4采用的是________制的________配合、与件9采用的是________制的________配合，件6与件9采用的是________制的________配合。

(4) 图中，ϕ16H7/h6、ϕ16H7/p6、ϕ14H7/g6是________尺寸，$28.76^{+0.03}_{0}$和ϕ34.5H7/h8是________与________之间和________与________之间的________尺寸，G3/8是________尺寸，110、85和96是________尺寸，70和50是________尺寸。

2. 叙述该装配体的拆卸步骤（按拆卸顺序写出零件序号即可）

3. 拆绘件3的零件图

(1) 表达方案自定。

(2) 图形大小与装配图中该零件的图形大小一致。

(3) 标注尺寸（只画出尺寸界线、尺寸线和箭头，抄注图中已有的尺寸数字，图中未注的尺寸不注写尺寸数字）。

11－4－8 齿轮油泵装配图

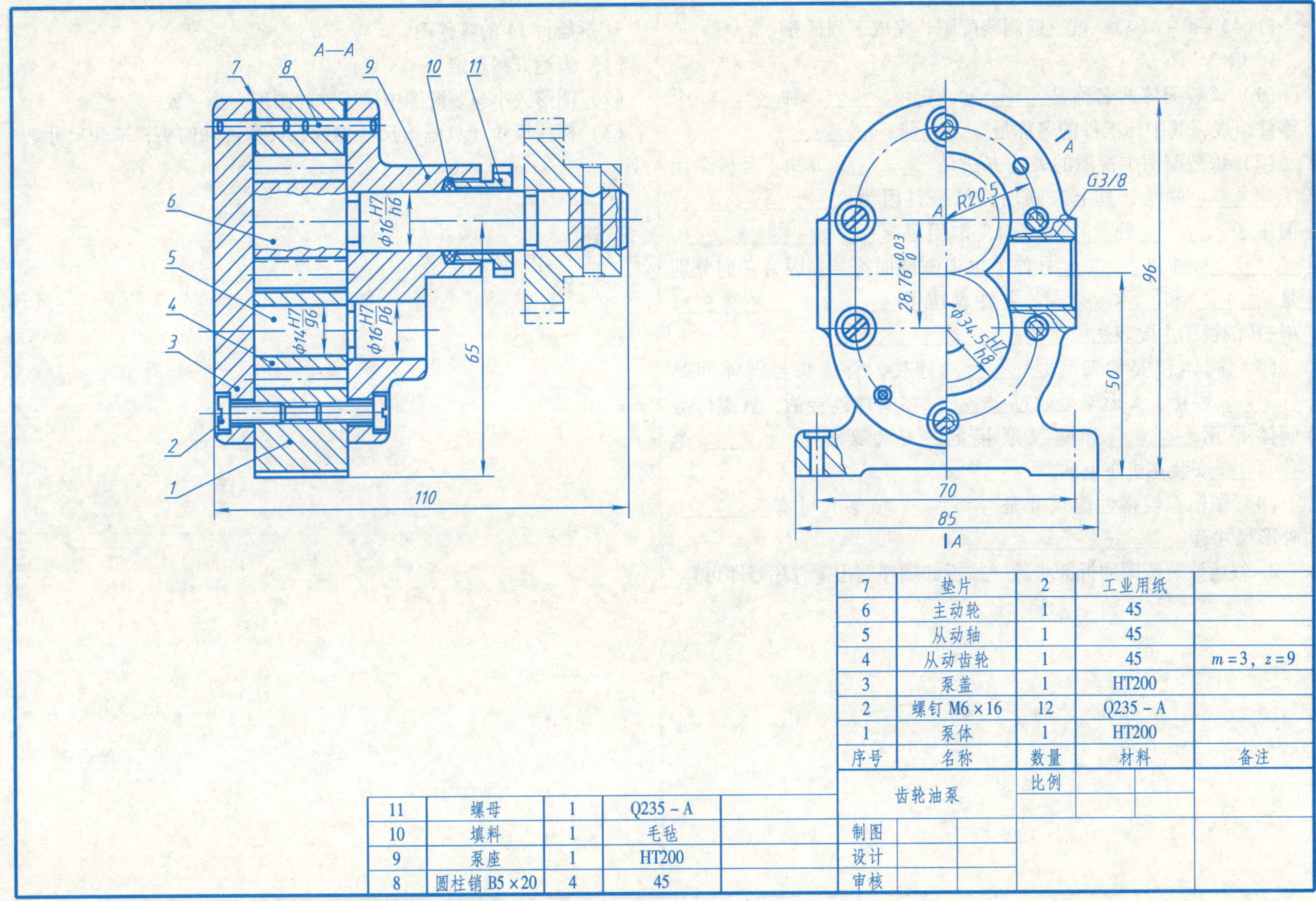

序号	名称	数量	材料	备注
11	螺母	1	Q235－A	
10	填料	1	毛毡	
9	泵座	1	HT200	
8	圆柱销 B5×20	4	45	
7	垫片	2	工业用纸	
6	主动轮	1	45	
5	从动轴	1	45	
4	从动齿轮	1	45	$m=3$，$z=9$
3	泵盖	1	HT200	
2	螺钉 M6×16	12	Q235－A	
1	泵体	1	HT200	

齿轮油泵	比例	
制图		
设计		
审核		

11(4)-4-A(4) 读三通阀装配图，完成下列任务

1. 填空

(1) 该装配体的名称是________，它由________种________个零件组成，其中标准件的名称是________、________。

(2) 该装配图主视图的表达方法是________，其中1号件采用了________画法，其上未画剖面符号是因为________________，但作了________处________剖，作用是________________，________号件和________号件上也未画剖面符号，因为它们分别是________和________，它主要表达了________________；*B—B* 剖视图主要表达了________________。

(3) 阀体和安装架间是________连接，管接头与阀体间是________联接，叉形架是通过________与阀体连接的，盖螺母与阀体是用________牙螺纹联接的，安装架是用________个________安装在机座上的。

(4) 图中，规格性能尺寸是________，安装尺寸有________，外形尺寸有________________。

2. 叙述该装配图的拆卸步骤（按拆卸顺序写出零件序号即可）

3. 拆绘件14的零件图

(1) 表达方案自定。

(2) 图形大小与装配图中该零件的图形大小一致。

(3) 标注尺寸（只画出尺寸界线、尺寸线和箭头，不注尺寸数字）。

11-4-10　三通阀装配图

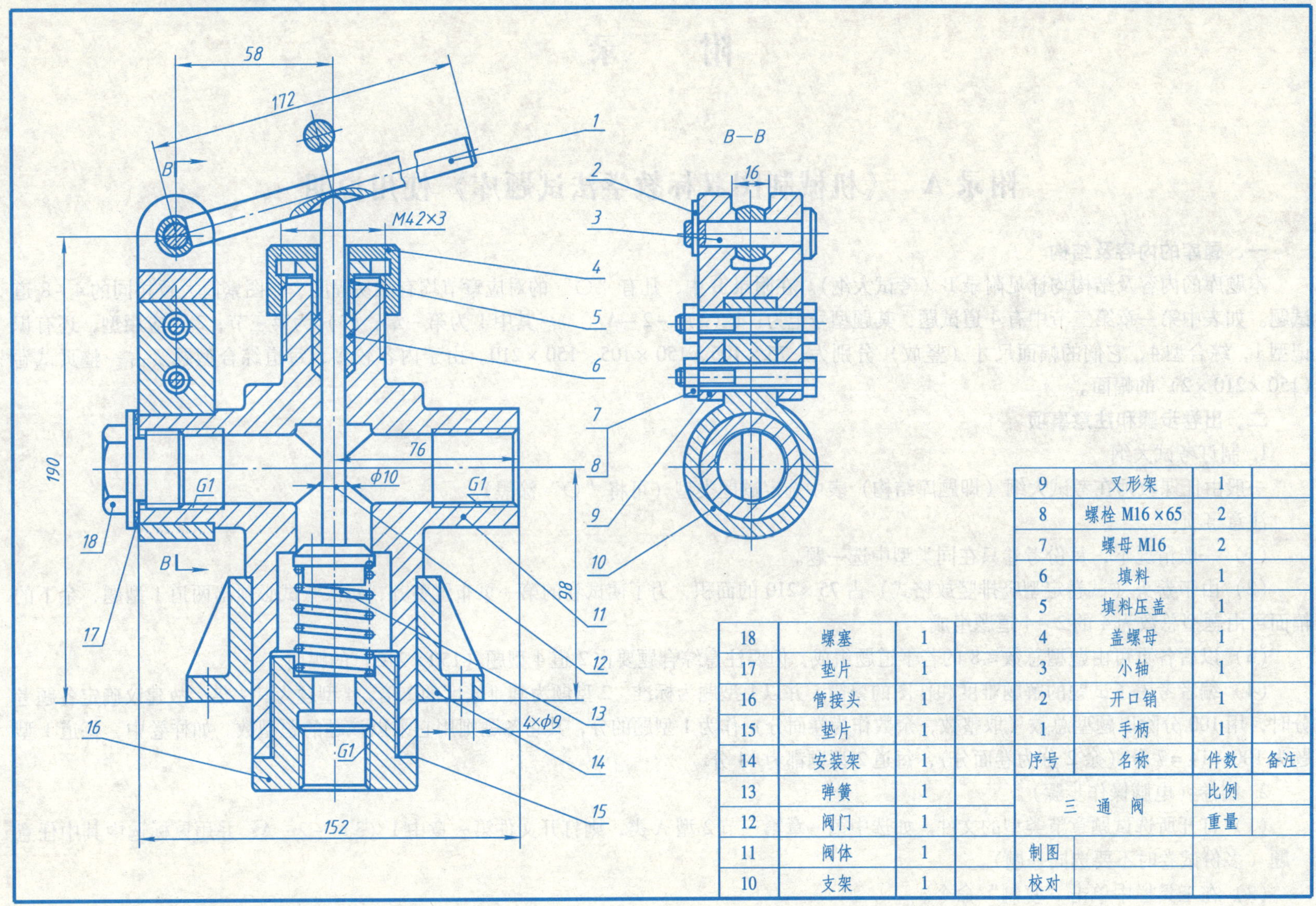

序号	名称	件数	备注
1	手柄	1	
2	开口销	1	
3	小轴	1	
4	盖螺母	1	
5	填料压盖	1	
6	填料	1	
7	螺母 M16	2	
8	螺栓 M16×65	2	
9	叉形架	1	
10	支架	1	
11	阀体	1	
12	阀门	1	
13	弹簧	1	
14	安装架	1	
15	垫片	1	
16	管接头	1	
17	垫片	1	
18	螺塞	1	

三通阀	比例	
	重量	
制图		
校对		

附　　录

附录 A　《机械制图双标教学法试题库》使用说明

一、题库的内容及结构

本题库的内容及结构均详见附录 B（考试大纲）。在附录 B 中，凡有“○”的对应章节均有难易程度、作图繁简大致相同的 4 ~ 8 道试题。如表中第一章第三节中有 4 道试题，其题型号记为：1（3）-2-A（ ）。其中 1 为第一章；（3）为第三节；2 为应用型，还有识记型 1，综合型 4，它们的幅面尺寸（竖放）分别为：75 × 105、150 × 105、150 × 210。由于内容较多，每道综合型题要占一整页试卷（150 × 210 × 2）的幅面。

二、出卷步骤和注意事项

1. 制订考试大纲

一般由任课教师在考试大纲（即题库结构）表中选定试题类型（可将“○”涂黑）。

注意事项：

（1）一般情况下，每份考卷只在同类型中选一题。

（2）由于卷头（试卷定型竖排竖放格式）占 75 × 210 的面积，为了使试卷的第一页布置整齐，每次考试必须出两道 1 型题，余下的幅面可由题型总数为 4 的 2 ~ 4 道题组成。

（3）以后各页可由题型总数≤8 的若干道题组成，但要注意综合题要占 2 道 4 型题（150 × 210）的幅面。

（4）编者考虑了试题的解题难度和作图的繁简，并以 1 型题为标准，2 型题为其难繁度的 2 倍，4 型题为其 4 倍。故建议确定各题考分时，用 100 分除以题型总数（取整数，余数作为卷面分）作为 1 型题的分，其它各题则用它乘以该题的题型数。如样卷中，每道 1 型题为 100 ÷ 14 = 7 分（余 2 分为卷面分），每道 2 型题都为 14 分。

2. 制卷（电脑操作步骤）

（1）打开所选试题章节类型的文件。如选中第一章第三节 2 型 A 类，则打开文件第一章中 1（3）-2-A；并用鼠标选中其中任意一题（多份试卷时不要选同一题）。

（2）在工具栏中单击“复制”命令。

(3) 打开空白试卷（首页、第二页……）。

(4) 在工具栏中单击“粘贴”命令。

(5) 将 (1) 项中选中的试题移至空白试卷的适当位置，单击鼠标左键确认后，即完成了该题的出卷。

(6) 其余各题重复 (1) ~ (5) 项操作即可。

(7) 出卷人可按照试题的顺序将库题号更改为卷题号。

(8) 本题库使用的绘图软件是 Auto CAD 2000 中文版。

附录B 《机械制图》考试大纲（题库结构表）

________院（校）《机械制图》考试大纲

________专业________班______学年第____学期______考试

大纲制订人________ ____年____月____日

章（节）	知识点内容	识记型（1）		应用型（2）		综合型（4）	
		A类	B类	A类	B类	A类	B类
1（3）	圆弧连接			○			
1（5）	平面图形尺寸注法	○					
4（1）	点的三视图	○					
4（2）	直线的三视图	○					
4（3）	平面的三视图	○					
5（1）	平面体的三视图及表面找点			○			
5（2）	回转体的三视图及表面找点	○		○			
6（2）	读切割体的三视图	○	○	○	○		
7（3）	读叠加体的三视图	○	○	○	○		
8（1）	视图			○			
8（2）	剖视图	○	○	○			
8（3）	断面图			○			
9（8）	读零件图					○	
10（1）	螺纹及螺纹紧固件的表示法	○	○				
11（4）	读装配图					○	